AF494770

PALÉONTOLOGIE

FRANÇAISE.

OUVRAGES DU MÊME AUTEUR :

PALÉONTOLOGIE FRANÇAISE. — TERRAINS CRÉTACÉS. — Il a déjà paru 160 livraisons comprenant six volumes qui contiennent : les Mollusques céphalopodes, gastéropodes, lamellibranches, brachiopodes et bryozoaires. — Les prix sont par livraison, comprenant 4 planches in-8° tirées sur papier vélin, et du texte correspondant : Pour Paris, 1 fr. 25 c. — Pour les départements, 1 fr. 35 c. — On souscrit à Paris, chez Victor Masson, libraire-éditeur, rue et place de l'École-de-Médecine, 17.

COURS ÉLÉMENTAIRE DE PALÉONTOLOGIE ET DE GÉOLOGIE STRATIGRAPHIQUE, dont le complément est le PRODROME suivant. — 2 vol. in-12, avec 600 figures gravées sur cuivre et 18 tableaux. Prix : 10 fr. — Le premier volume est en vente.

PRODROME DE PALÉONTOLOGIE STRATIGRAPHIQUE UNIVERSELLE DES ANIMAUX MOLLUSQUES ET RAYONNÉS, faisant suite au COURS ÉLÉMENTAIRE DE PALÉONTOLOGIE ET DE GÉOLOGIE STRATIGRAPHIQUE. 3 vol. in-12, entièrement terminés. Prix : 24 fr. — Le premier volume est en vente.

FORAMINIFÈRES FOSSILES DU BASSIN DE VIENNE (AUTRICHE). 1 vol. in-4° avec 21 planches du même format. — Prix : 25 fr.

PARIS. — Imp. de COSSON, rue du Four St.-Germain, 47.

PALÉONTOLOGIE
FRANÇAISE.

DESCRIPTION ZOOLOGIQUE ET GÉOLOGIQUE

DE TOUS

LES ANIMAUX MOLLUSQUES ET RAYONNÉS

FOSSILES DE FRANCE,

COMPRENANT LEUR APPLICATION A LA RECONNAISSANCE DES COUCHES,

PAR ALCIDE D'ORBIGNY,

DOCTEUR ÈS SCIENCES, PROFESSEUR SUPPLÉANT DE GÉOLOGIE A LA FACULTÉ DES SCIENCES DE PARIS, CHEVALIER DE L'ORDRE NATIONAL DE LA LÉGION-D'HONNEUR, DE L'ORDRE DE SAINT-WLADIMIR DE RUSSIE, DE L'ORDRE DE LA COURONNE DE FER D'AUTRICHE, OFFICIER DE LA LÉGION-D'HONNEUR BOLIVIENNE, DES SOCIÉTÉS PHILOMATIQUE, DE GÉOLOGIE, DE GÉOGRAPHIE ET D'ETHNOLOGIE DE PARIS, MEMBRE HONORAIRE DE LA SOCIÉTÉ GÉOLOGIQUE DE LONDRES, DES ACADÉMIES ET SOCIÉTÉS SAVANTES DE TURIN, DE MADRID, DE MOSCOU, DE PHILADELPHIE, DE RATISBONNE, DE MONTEVIDEO, DE BORDEAUX, DE NORMANDIE, DE LA ROCHELLE, DE SAINTES, DE BLOIS, ETC.;

AVEC

les figures de toutes les espèces, lithographiées d'après nature,

PAR M. J. DELARUE.

TERRAINS JURASSIQUES.

ATLAS

TOME PREMIER,

COMPRENANT LES CÉPHALOPODES.

(de la planche 1 à 134).

A PARIS,

CHEZ VICTOR MASSON, LIBRAIRE-EDITEUR,

Rue et place de l'École-de-Médecine, 17.

1842 à 1849.

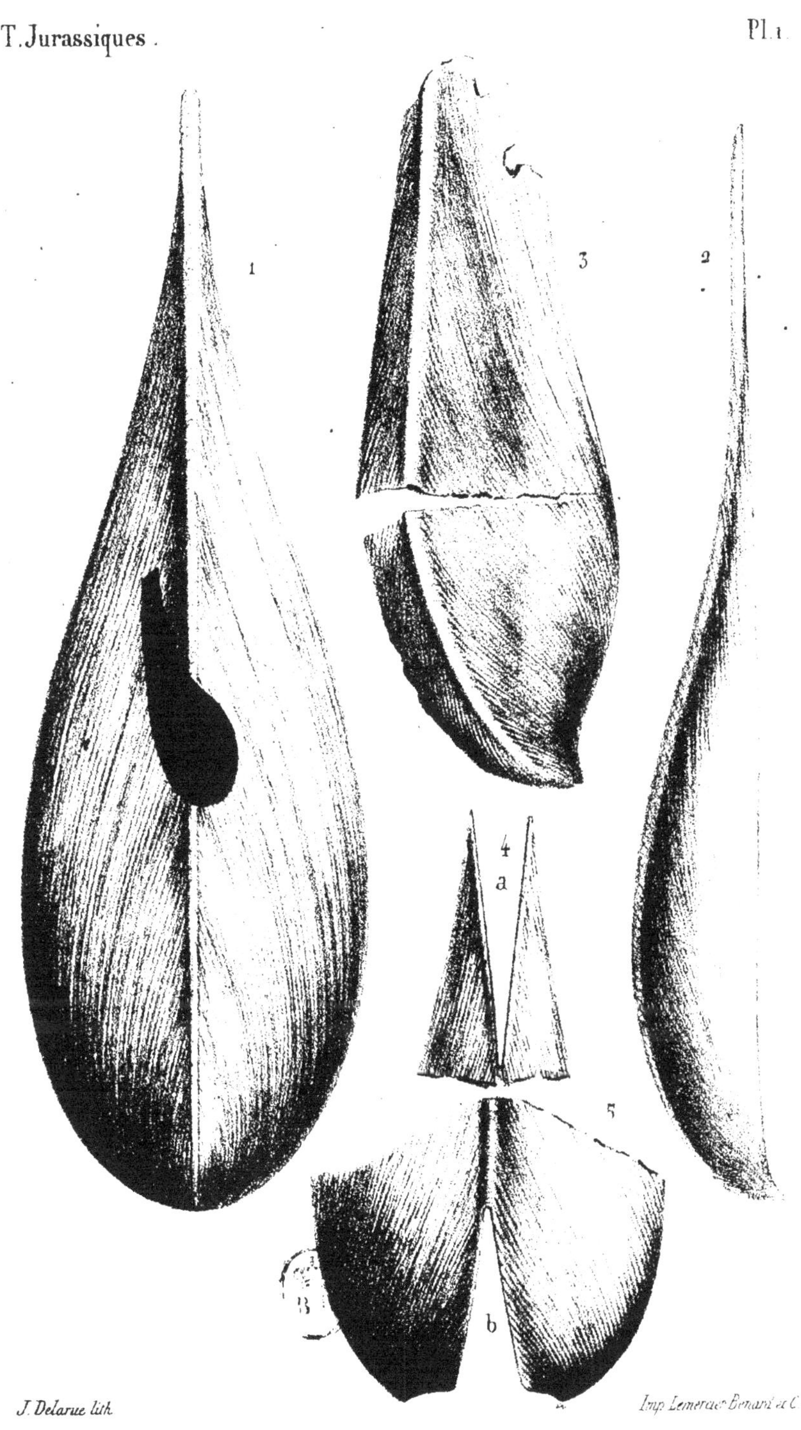

J. Delarue lith.

Imp. Lemercier Benard et C.

Teudopsis Bunellii, Deslongchamps.

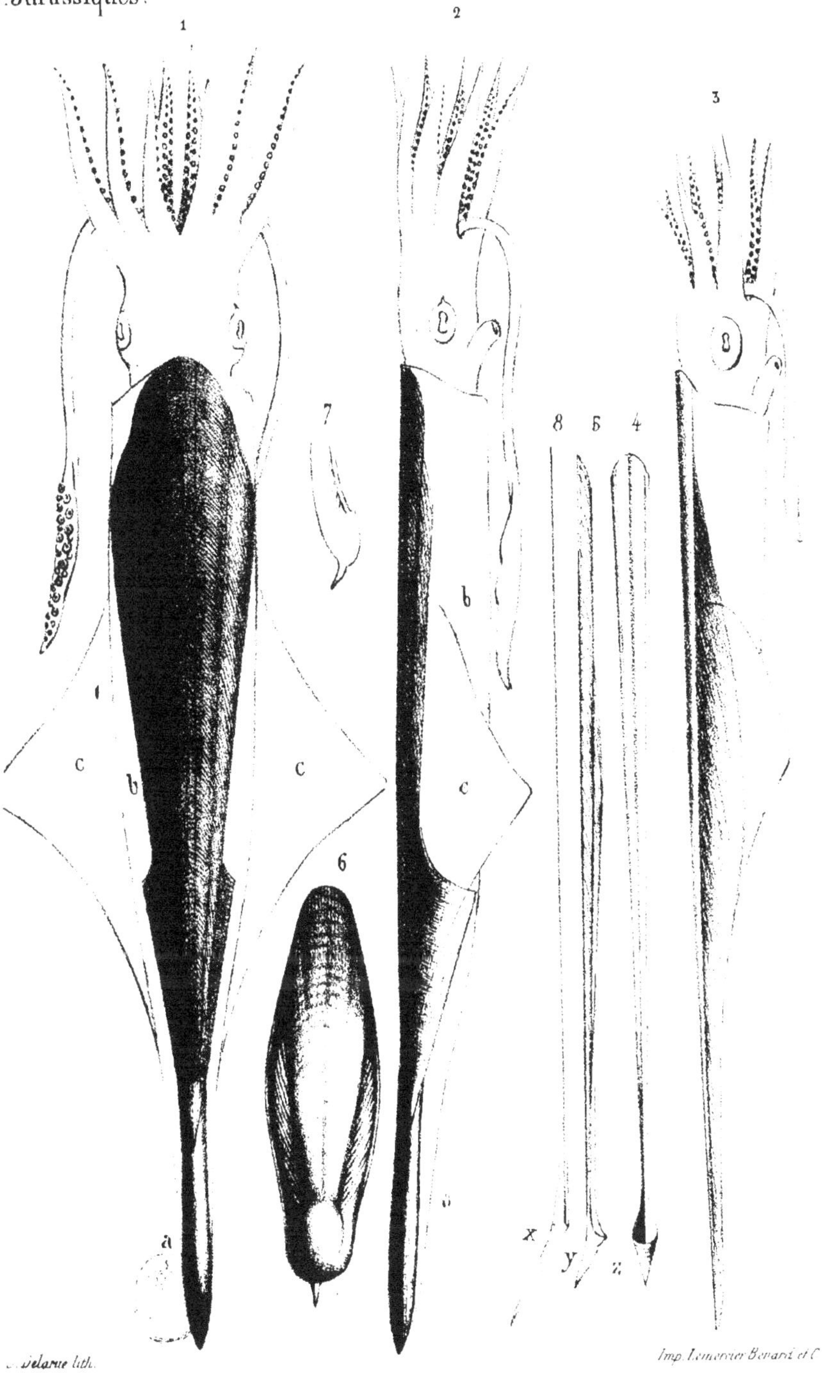

Delarue lith.

Imp. Lemercier Bénard et C.

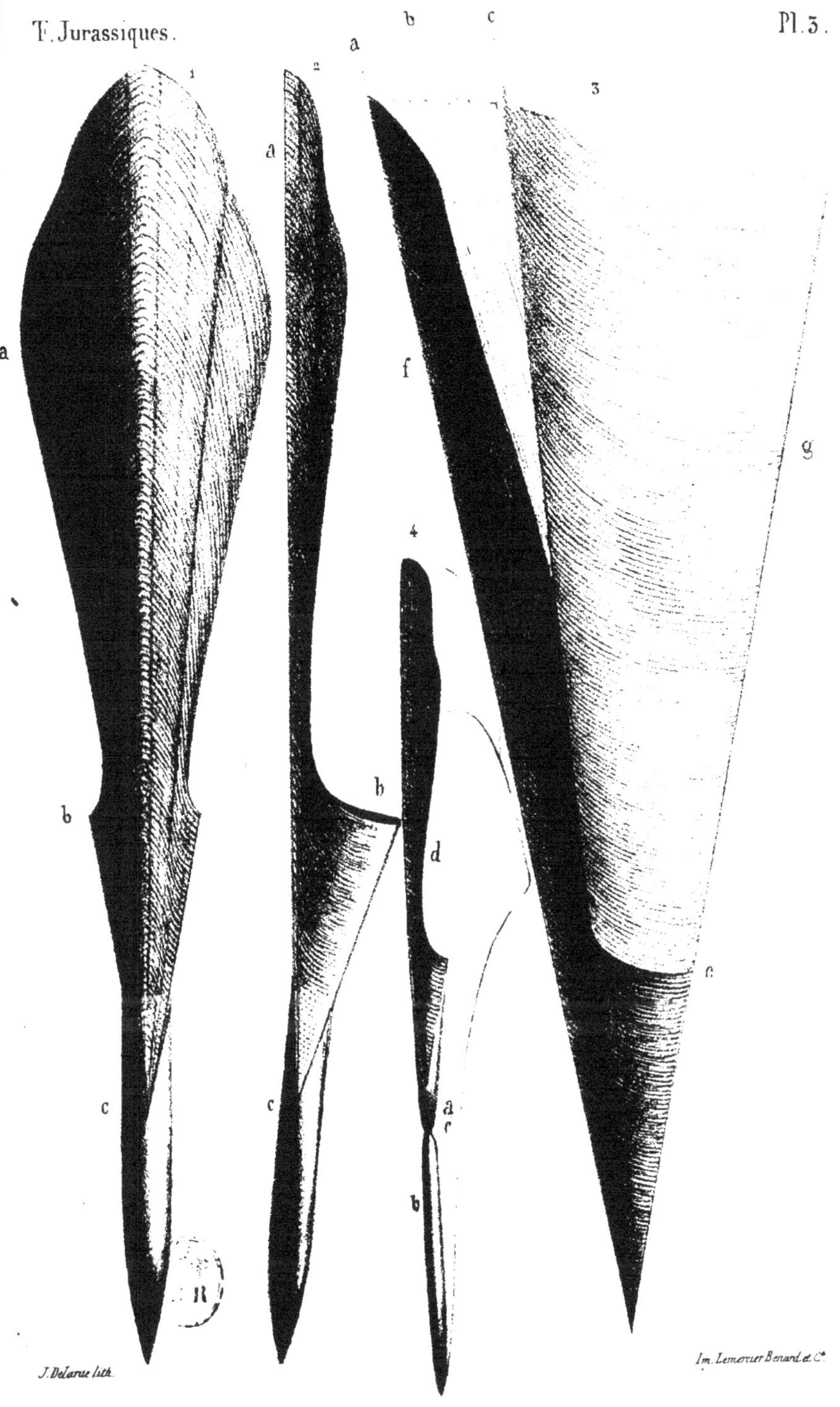

J. Delarue lith. Im. Lemercier Benard et Cie

Belemnites.

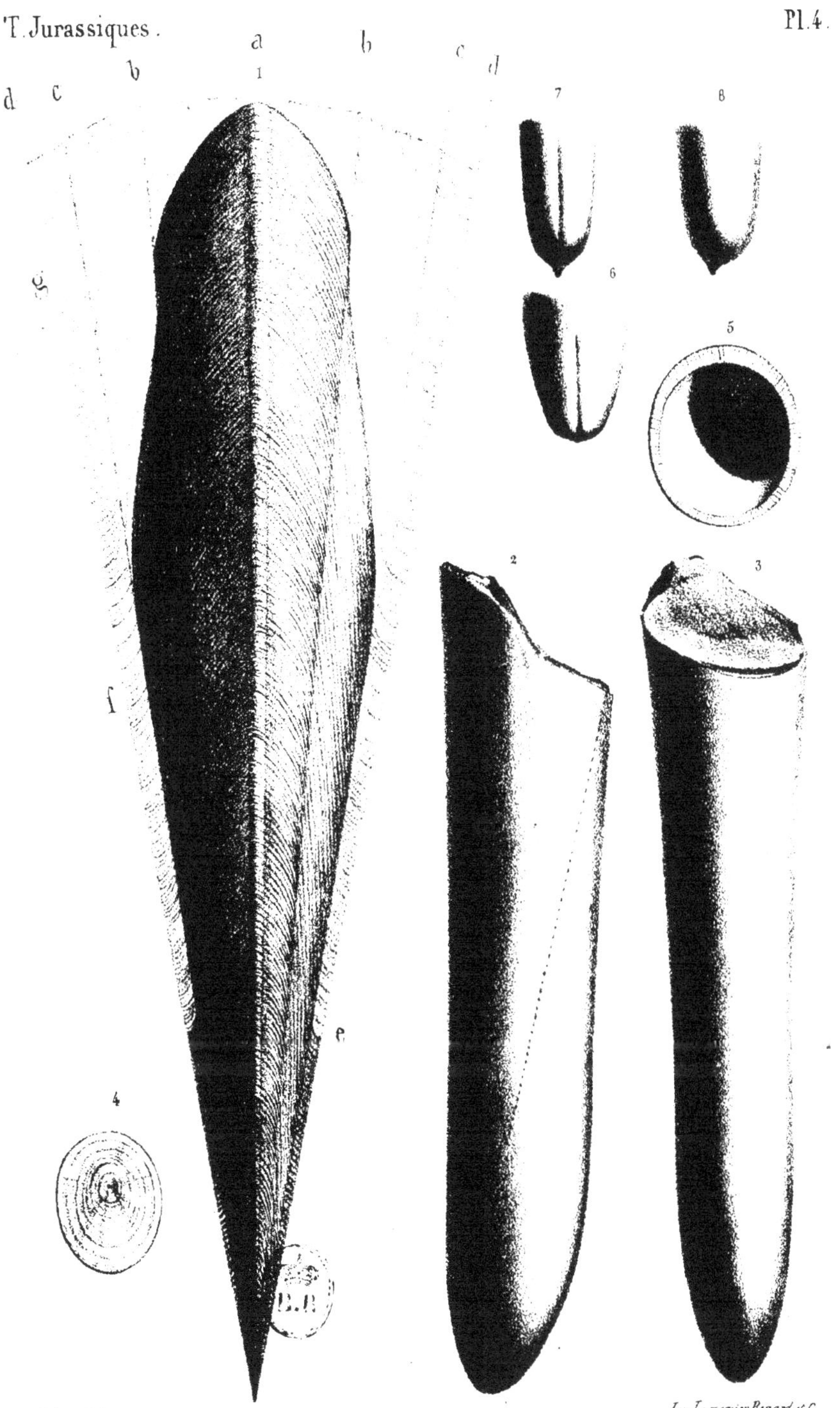

J. Delarue lith.

Im. Lemercier Benard et C.

1. *Belemnites aalensis, Volz. O. inf.*
2, 8. *B. — irregularis, Schloth. L.*

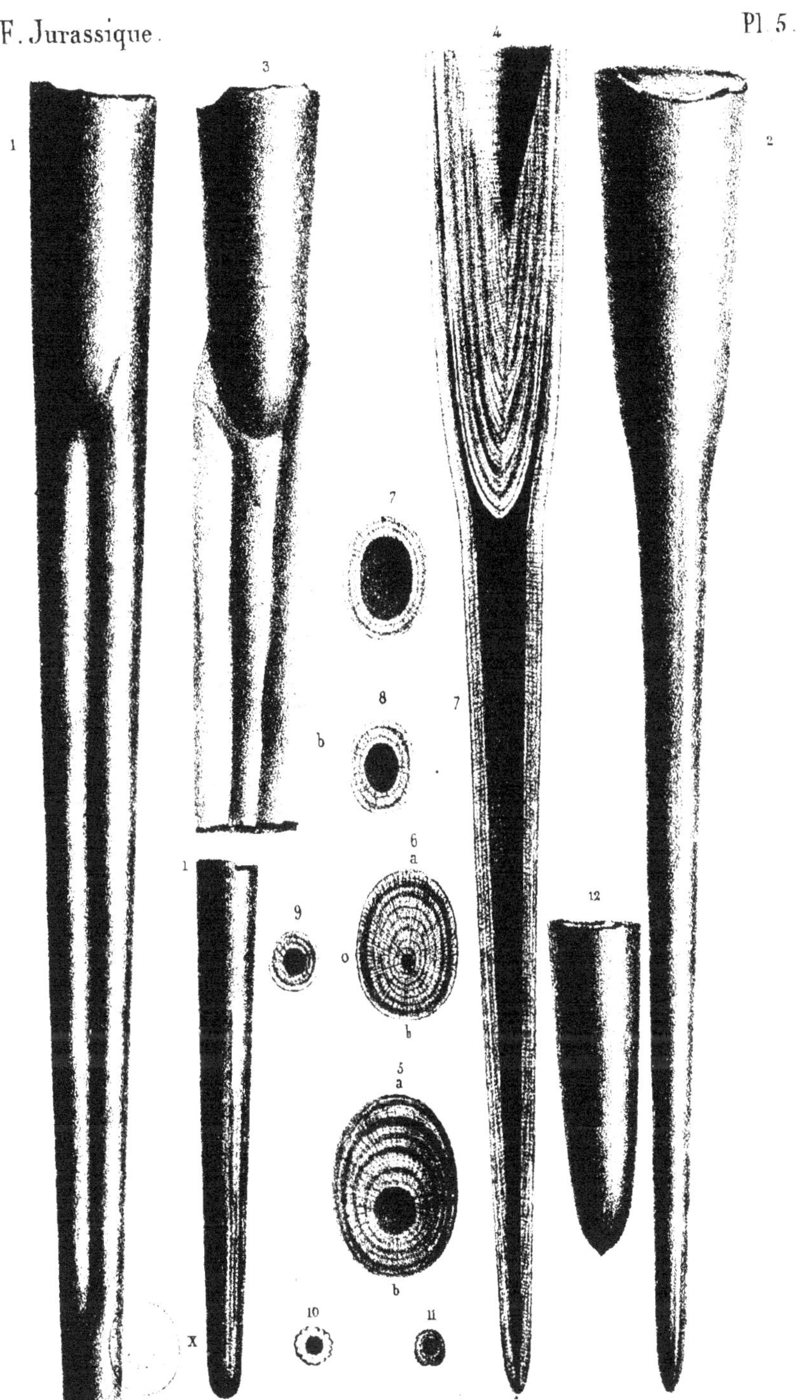

J. Delarue del.

Imp. Lemercier Benard et C.

Belemnites acuarius Schlotheim L.

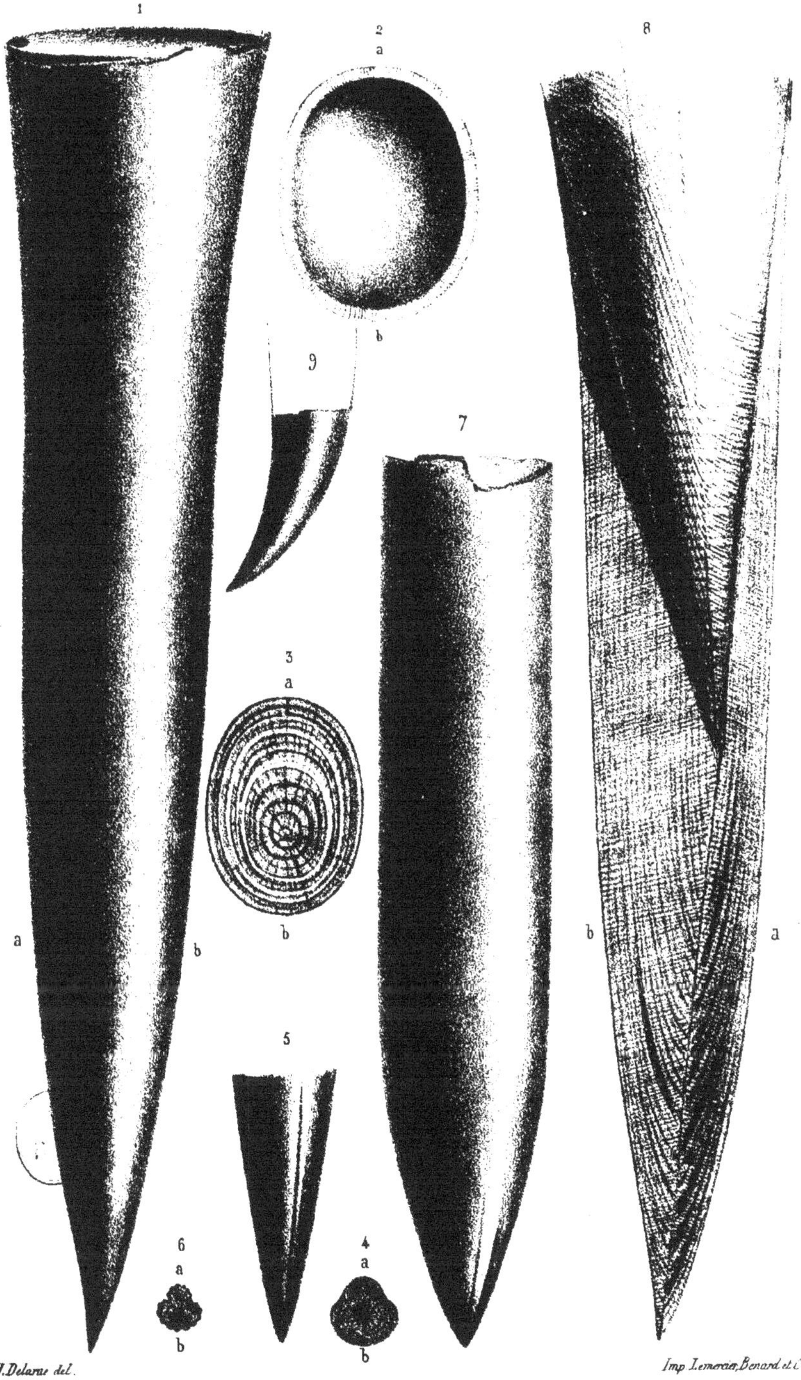

J. Delarue del. Imp. Lemercier, Benard et C.

Belemnites compressus, Blainville. L.

F. Jurassique. Pl. 7.

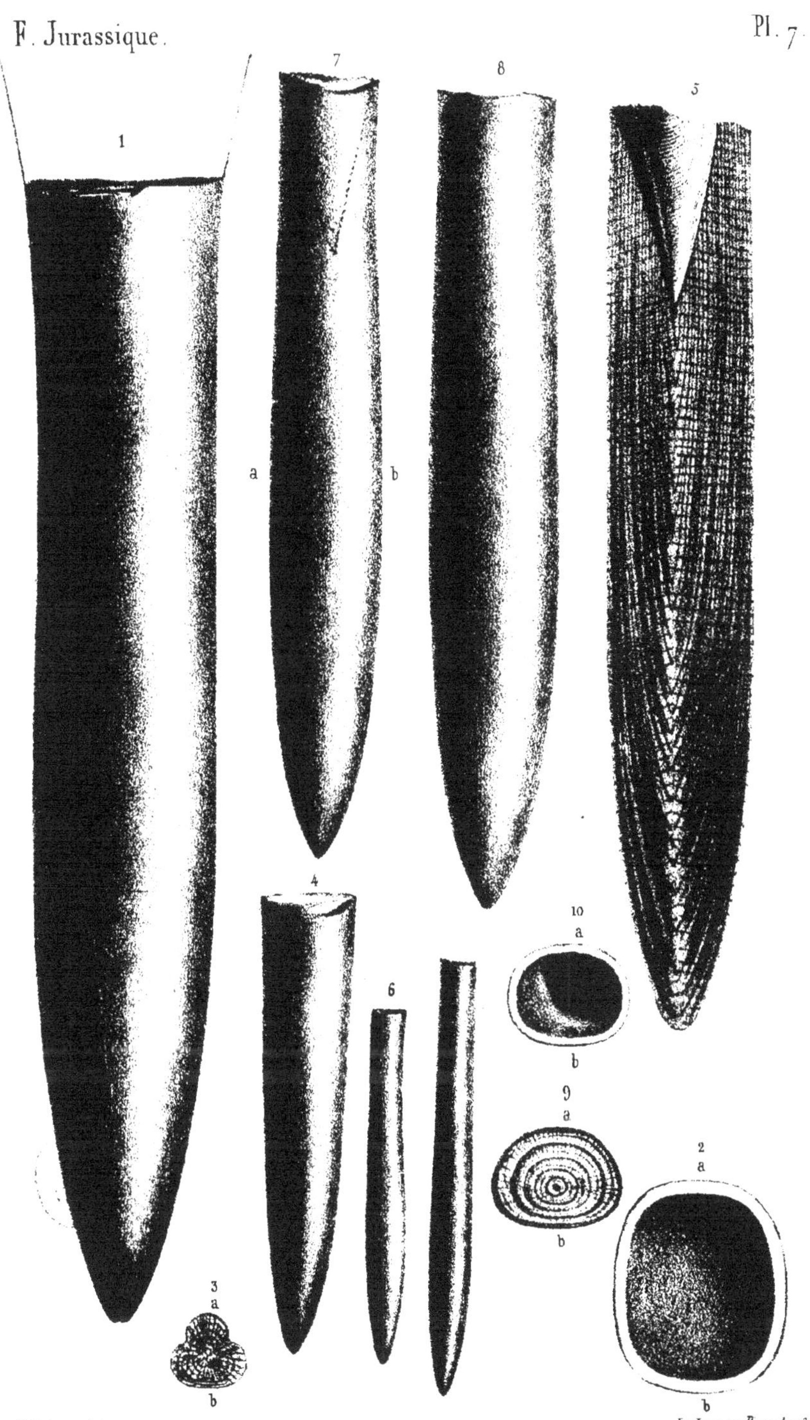

J. Delarue del. Im. Lemercier Benard et C.

1.5. *Belemnites Bruguierianus, d'Orbigny I.*

6.10. *B. ——— umbilicatus, Blainville I.*

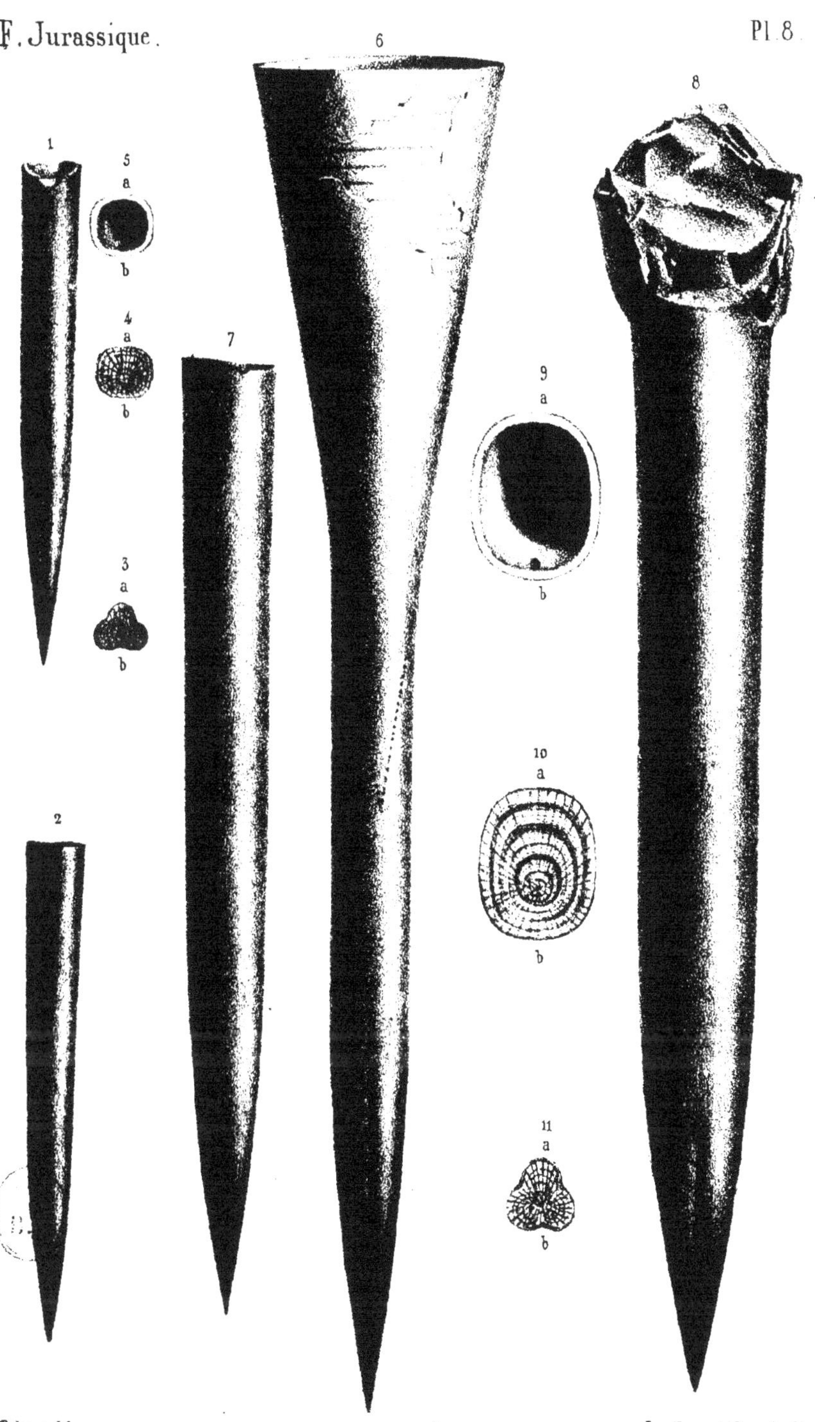

1.5. Belemnites unisulcatus, Blainville L.
6.11. B. ——— elongatus, Miller L.

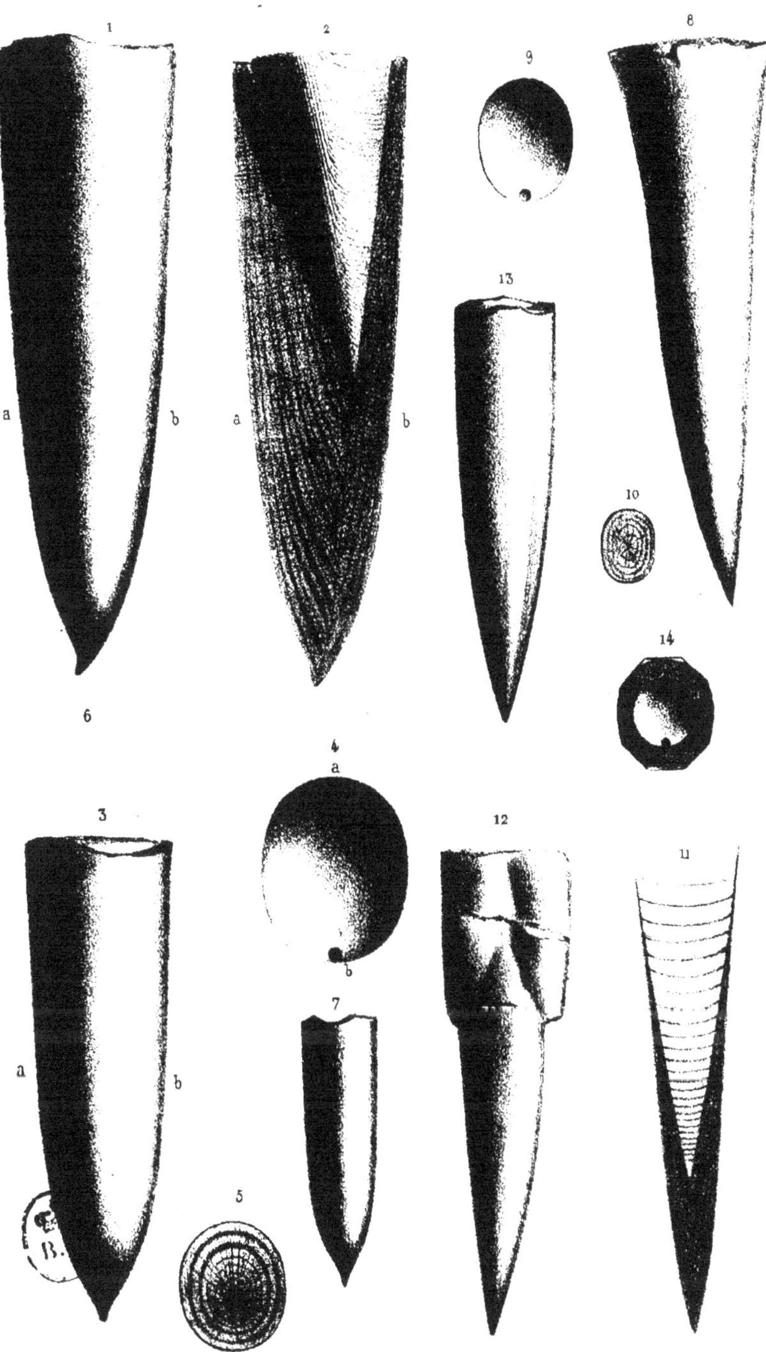

J. Delarue del.

Imp. Lemercier, Benard et C.

1.7. *Belemnites abbreviatus Miller.* L.
8.14. *B. ——— acutus, Miller.* L.

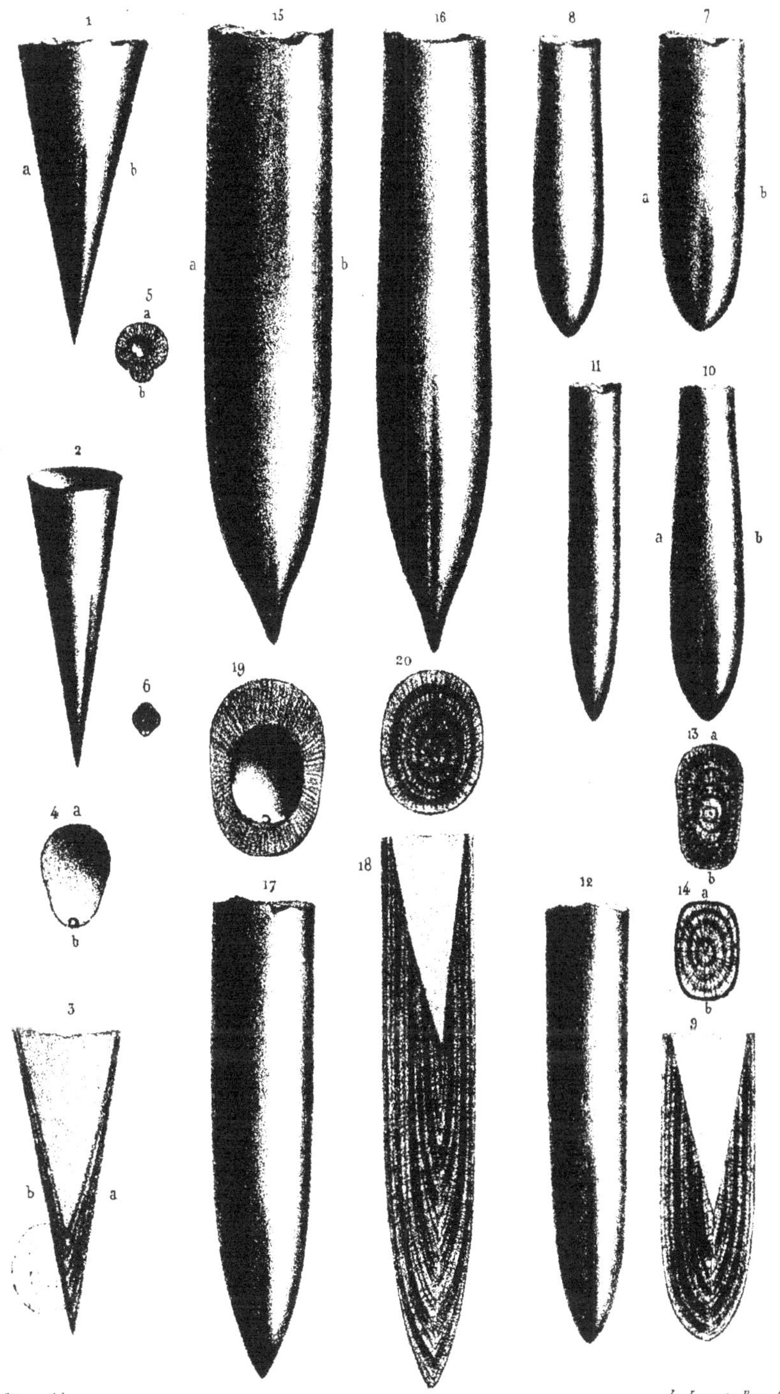

J. Delarue del.

Im. Lemercier, Benard et C.

1.6. *Belemnites brevirostris. d'Orb. L.*

7.14. *B. ——— Fournelianus, d'Orb. L.*

15.20. *B. ——— Nodotianus, d'Orb. L.*

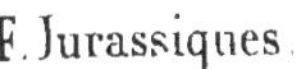

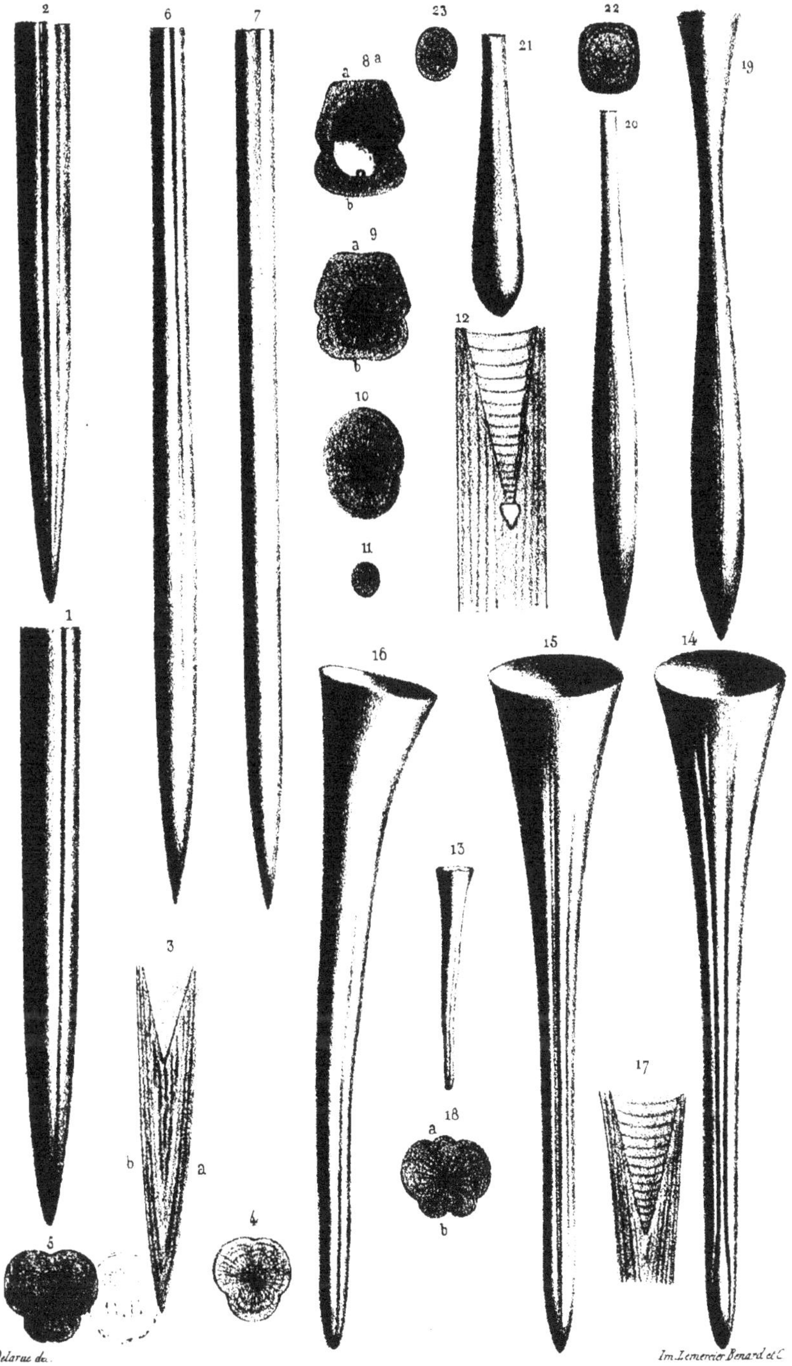

J. Delarue del. — Im. Lemercier Benard et C.

1. 5. Belemnites tricanaliculatus, Hartmann. L.
6. 12. B. ——— exilis d'Orb. L.
13. 18. B. ——— Tessonianus, d'Orb. L.
19. 23. B. ——— clavatus Blainville. L.

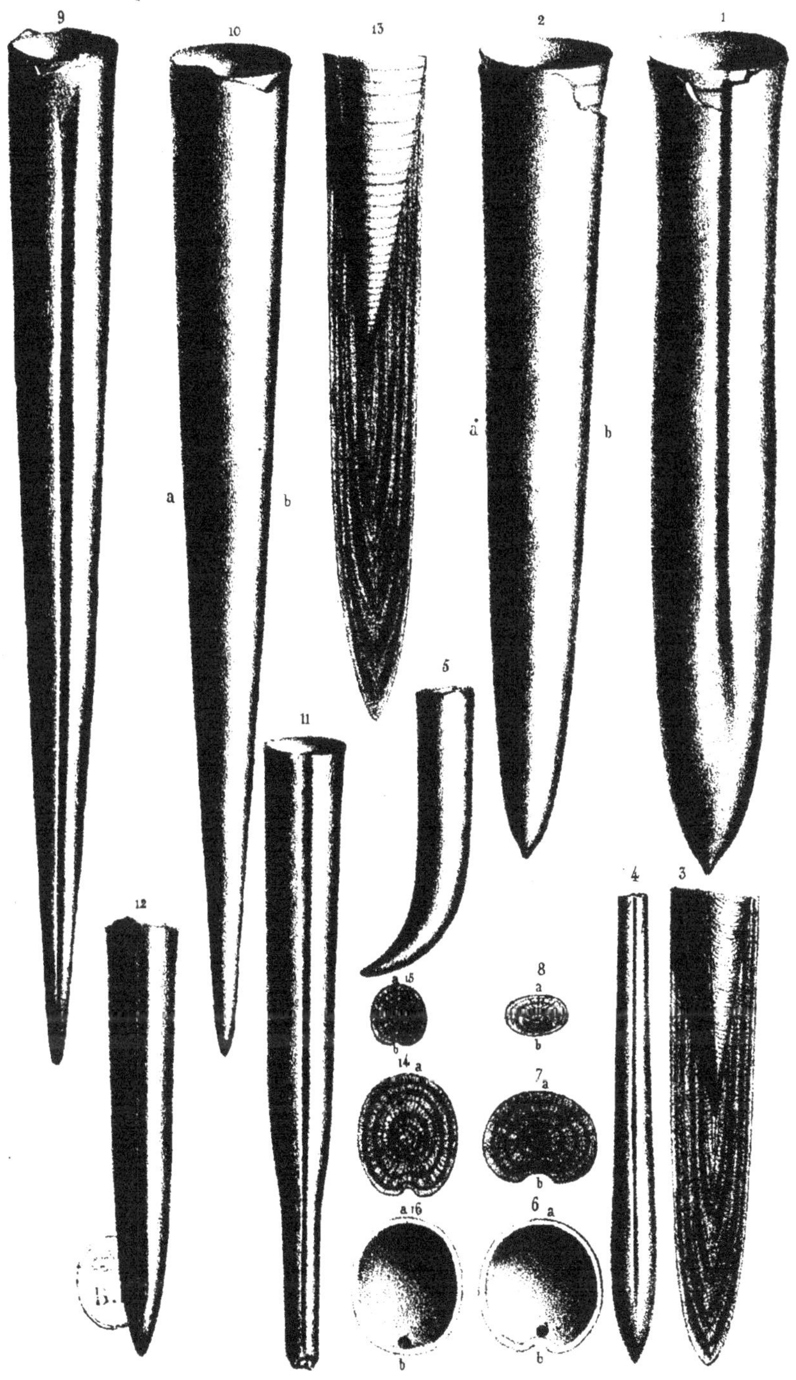

J. Delarue del. Imp. Lemercier Benard et C.

1.8. Belemnites sulcatus, Miller O.I.
9.16. B. ——— Blainvillii Voltz O.I.

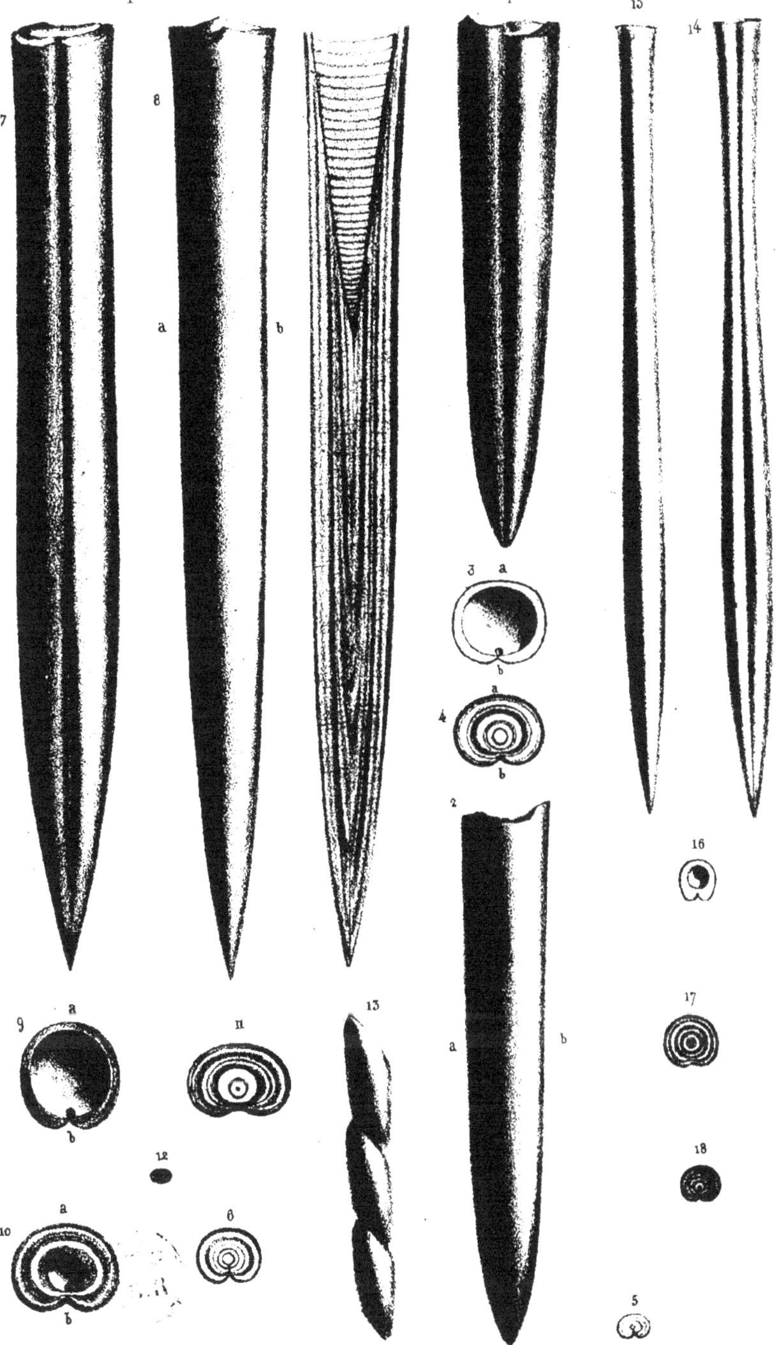

J. Delarue del. Imp. Lemercier Benard et C.

1. 6. *Belemnites canaliculatus*, Schl. O.
7. 13. *B. ——— bessinus*, d'Orb. O.
14. 18. *B. ——— Fleuriausus*, d'Orb. O.

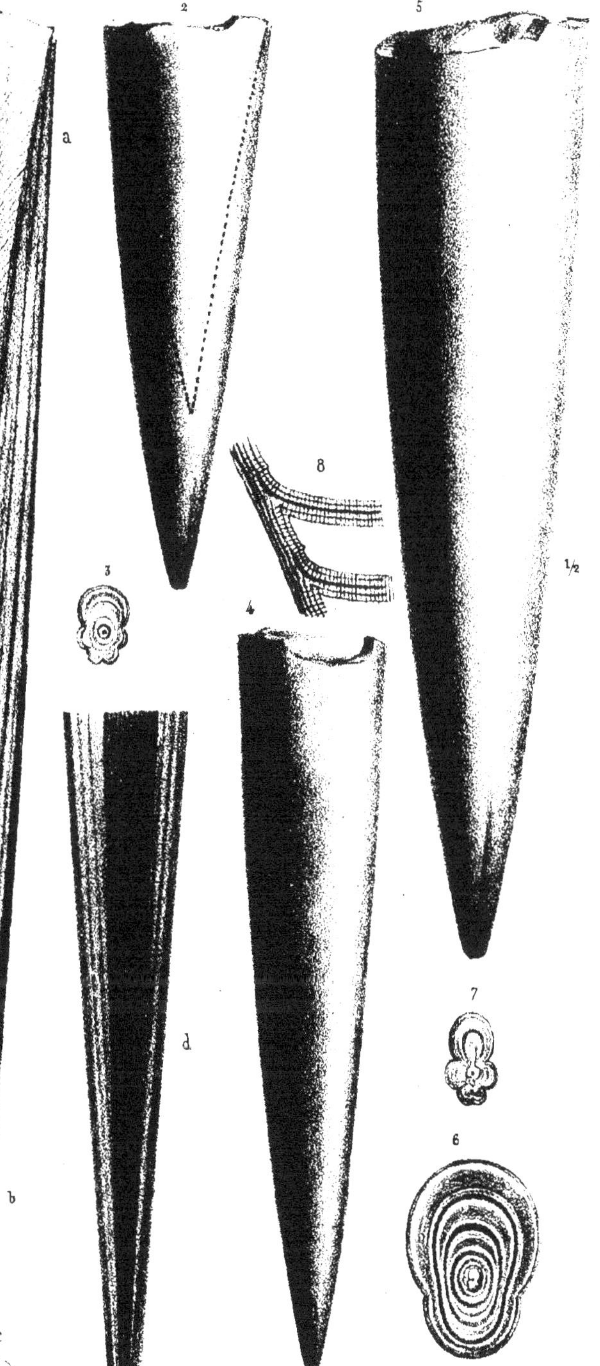

J. Delarue del.

Im. Lemercier, Benard et C.

Belemnites giganteus, Schlotheim O.

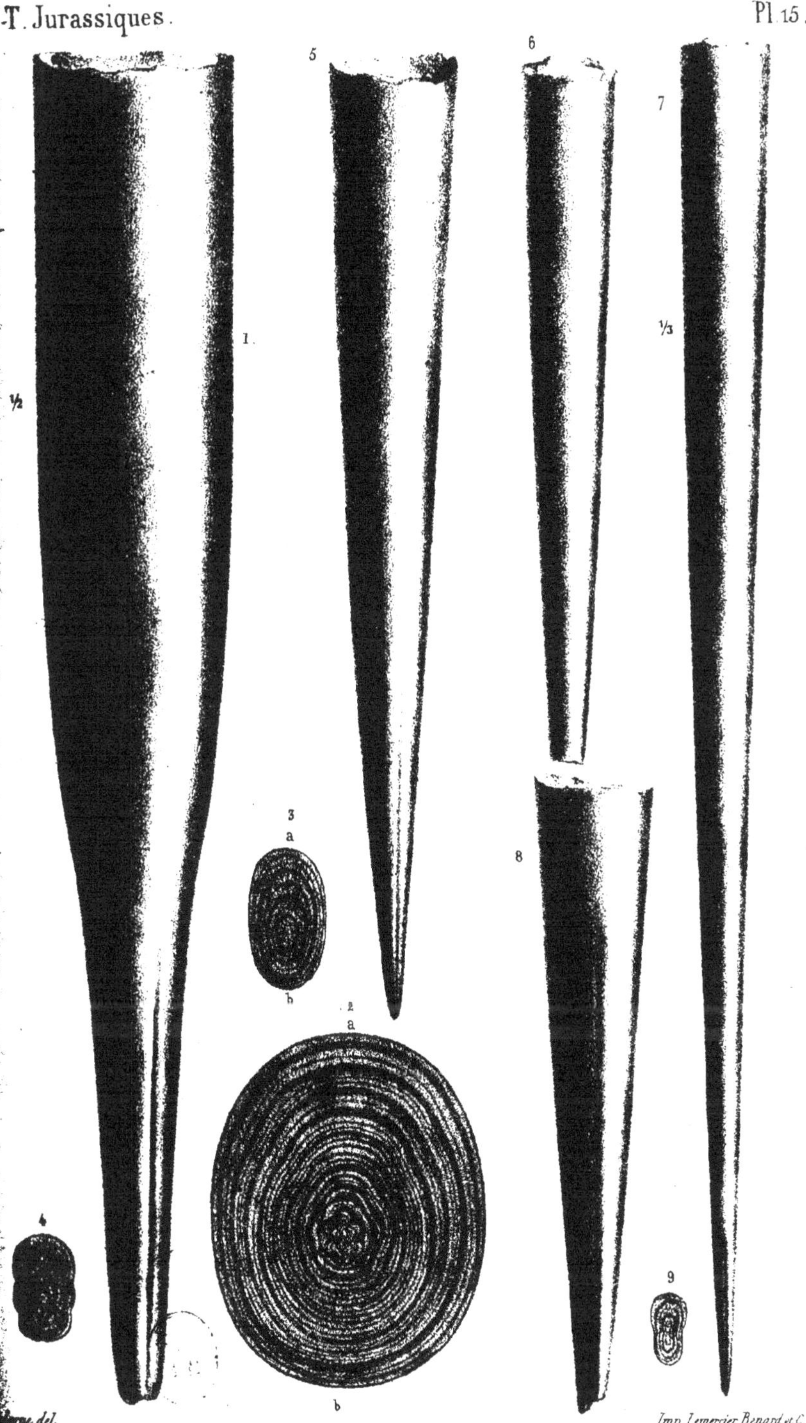

[illegible] del. Imp. Lemercier, Benard et C.

Belemnites giganteus, Schlotheim O.

7 8 3 1 2

6 a b

9 5 4

10 11

Delarue del. Imp. Lemercier Benard et C.

1. 6. *Belemnites Puzosianus*, d'Orb. Ox.
7. 11. *B. —— Beaumontianus*, d'Orb. Ox.

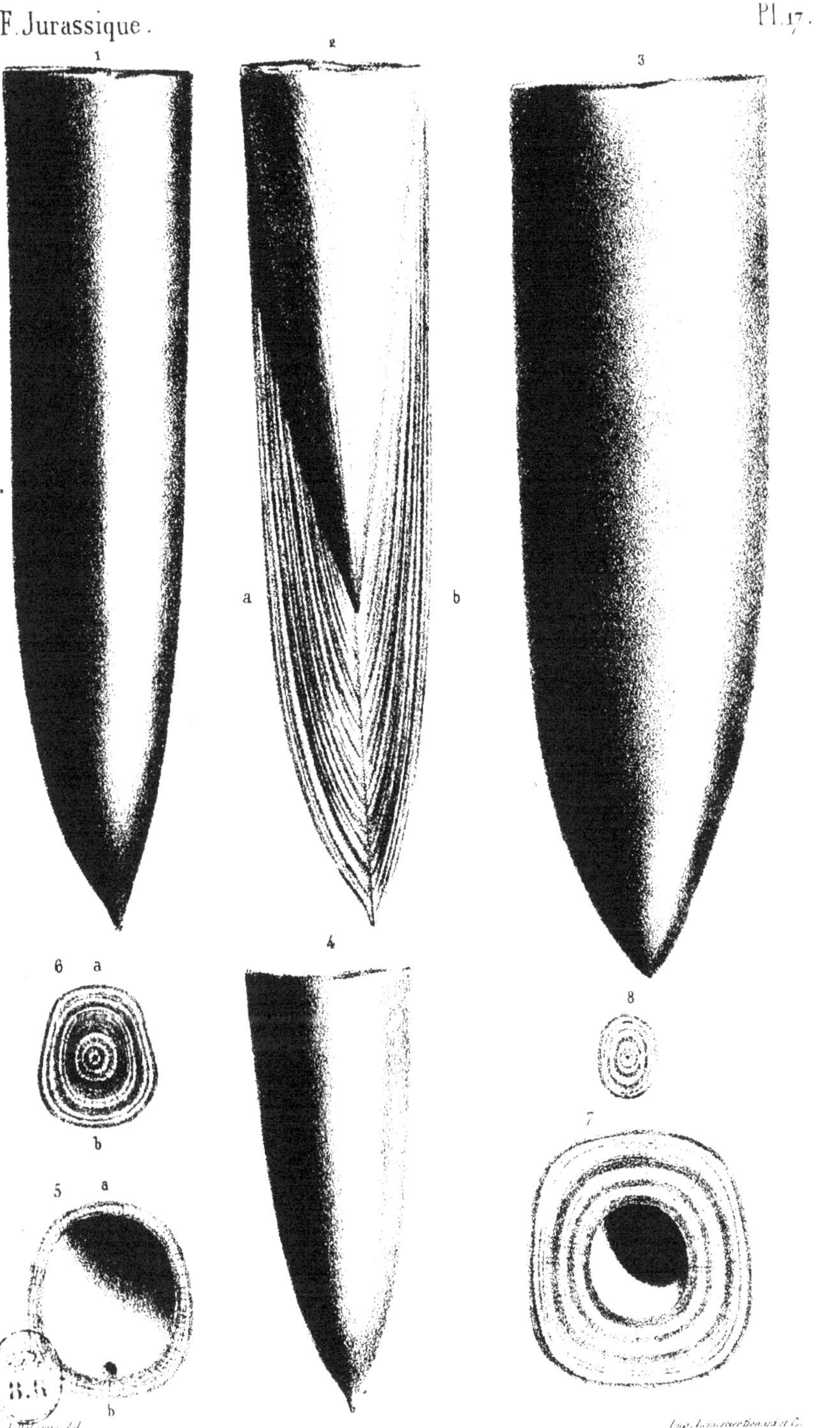

J. Delarue del.

Imp. Lemercier Bénard et C.

Belemnites excentricus, Blainville. os.

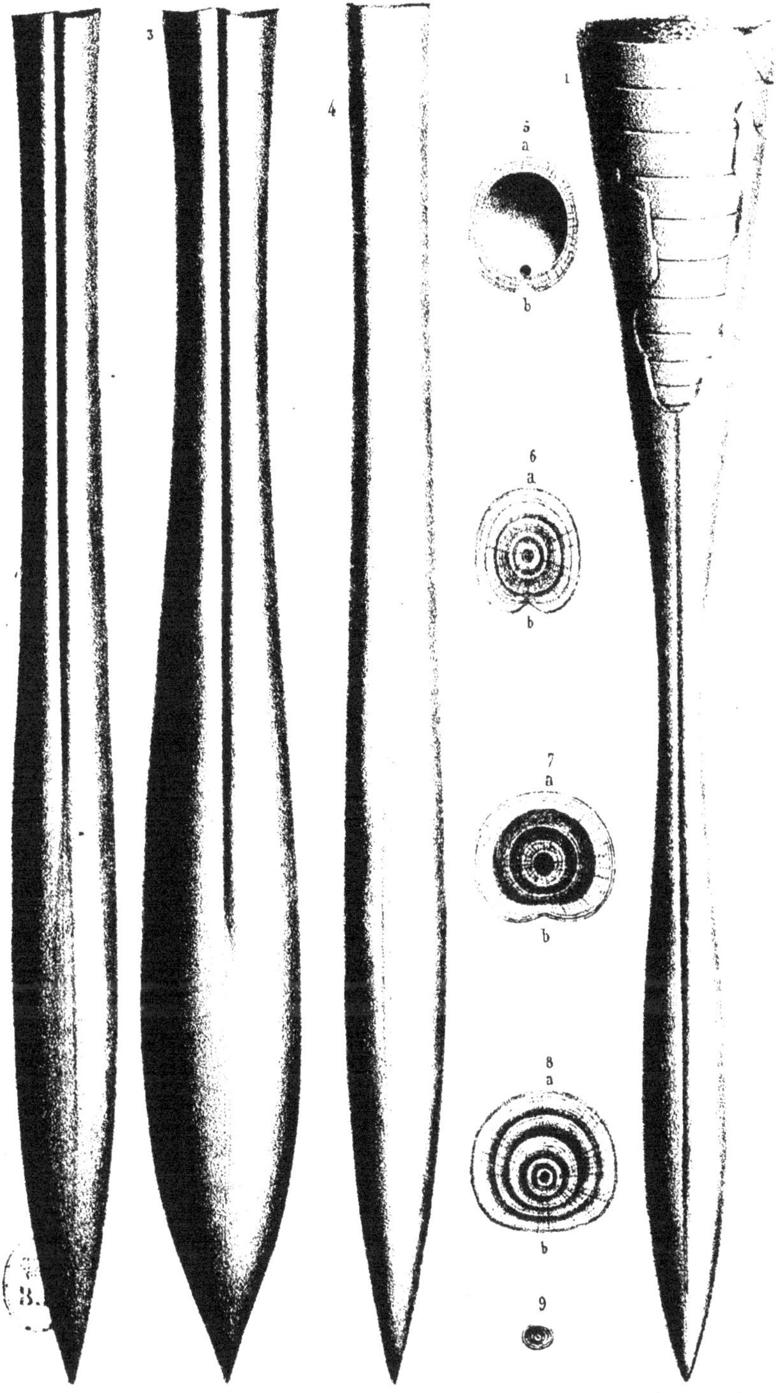

Delorme del.

Imp. Lemercier Benard et C.

Belemnites hastatus, Blainville ox.

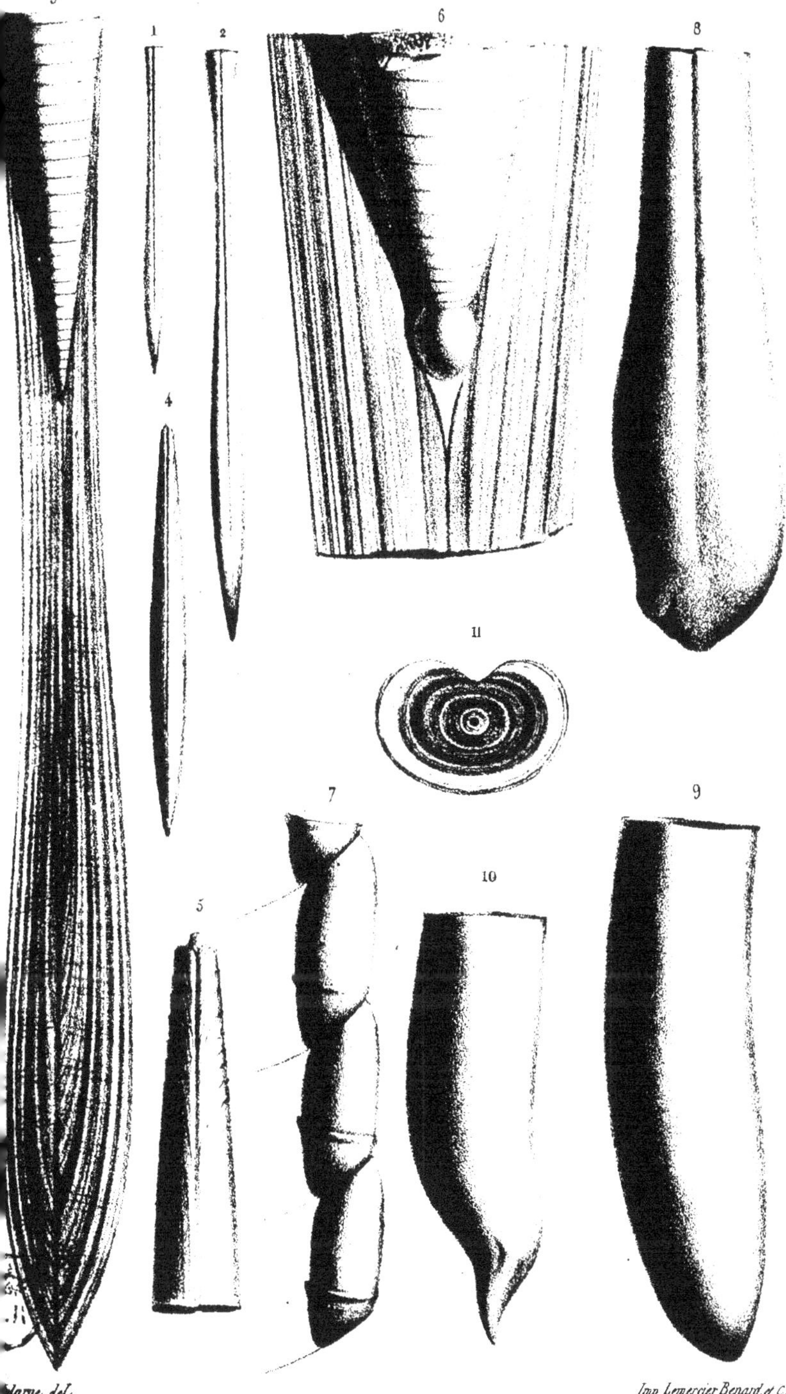

...larue del. Imp. Lemercier Benard et C.

Belemnites hastatus, Blainville ox.

T. Jurassiques. Pl. 21.

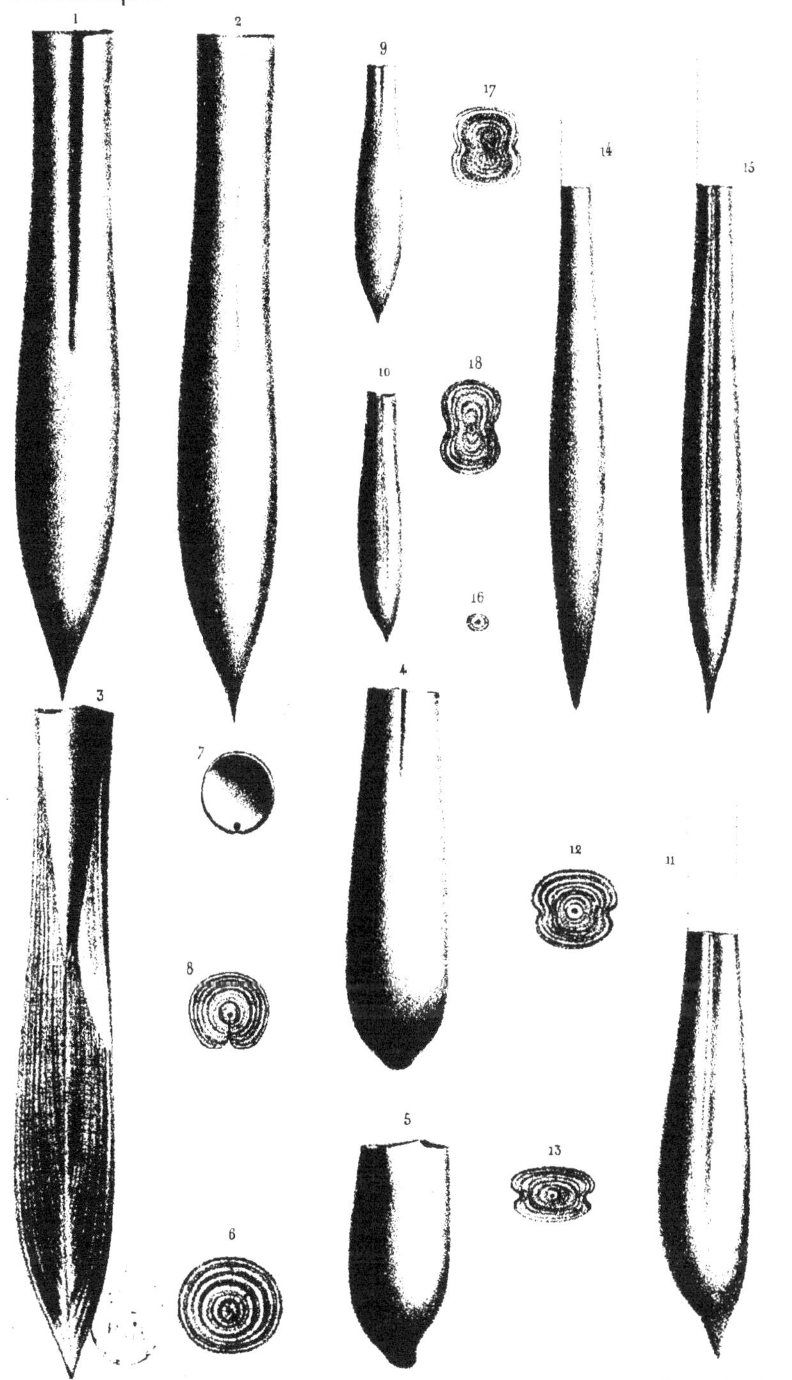

J. Delarue lith. Imp. Lemercier, Benard et C.

1_10. Belemnites Sauvanausus, d'Orb. ox.
11_18 B.______ Caquandus, d'Orb. ox.

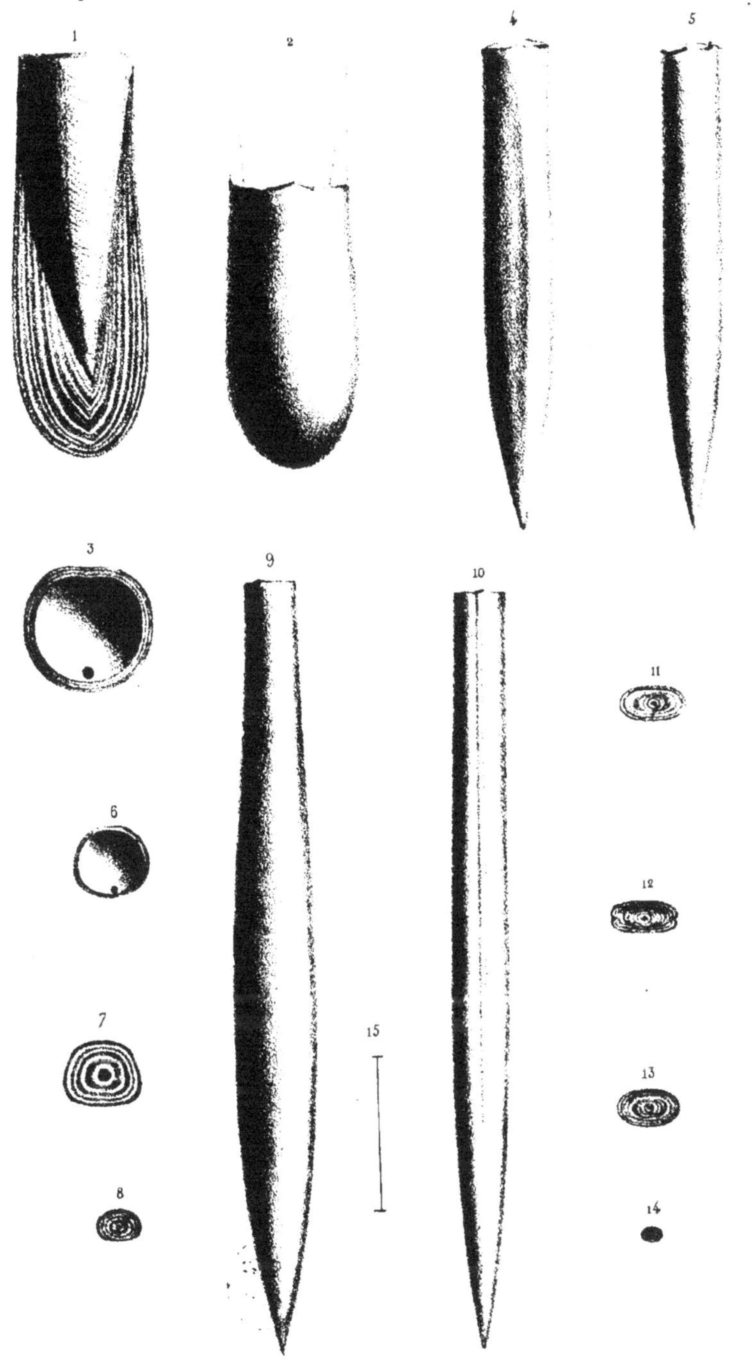

J. Delarue lith. Im. Lemercier, Benard et C.

1-3. Belemnites enygmatus, d'Orb. Ox.
4-8. B. ——— Souichei, d'Orb. P.
9-15. B. ——— Royerianus, d'Orb. Cor.

J. Delarue lith.

Im. Lemercier Benard et C.

1_4. Keleano speciosa Muster.
5_7. Enoploteuthis leptura, d'Orb.

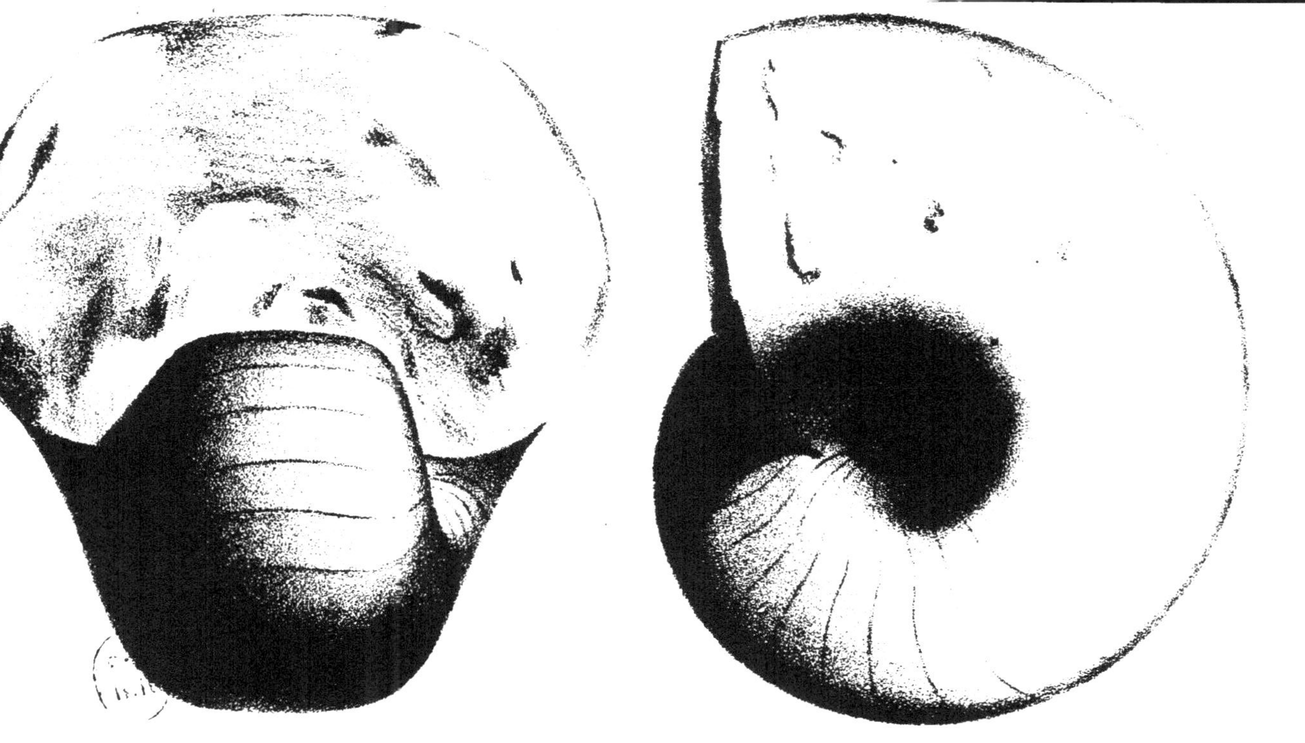

J. Delarue lith.

Im. Lemercier Benard et C.

Nautilus latidorsatus, d'Orb. I.

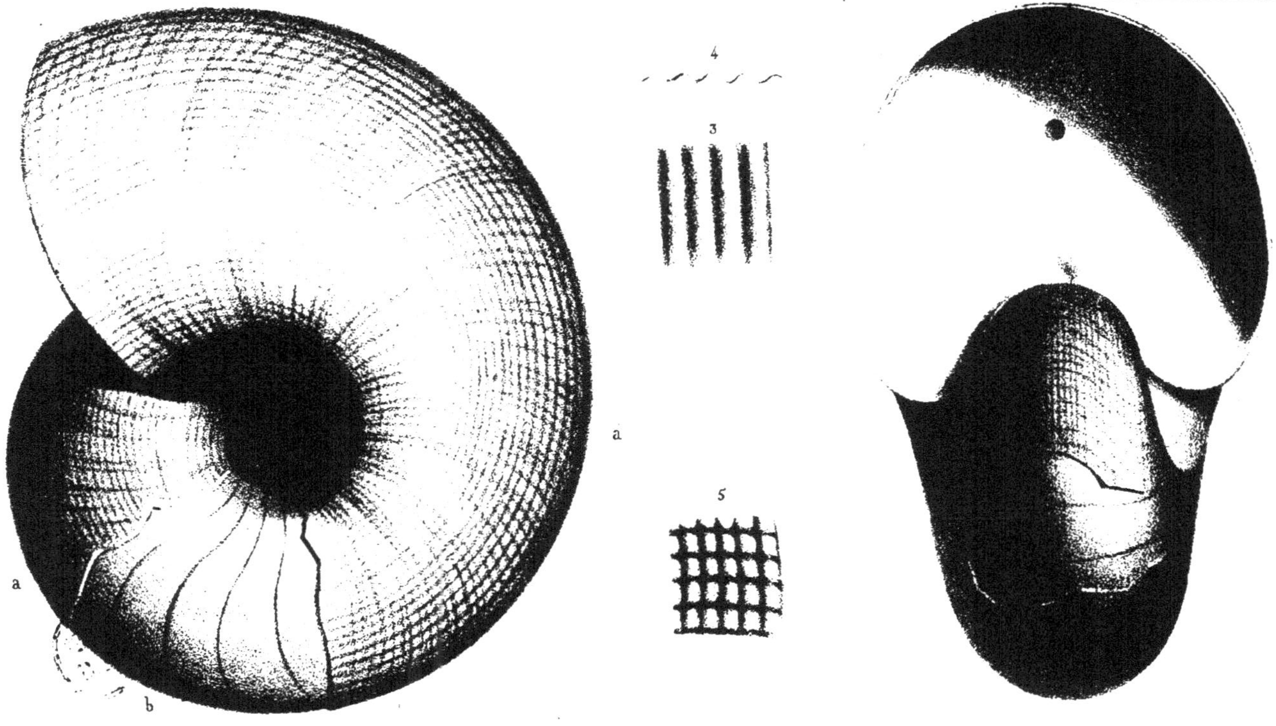

4

3

a

5

a

b

a

J. Delarue lith.

Imp. Lemercier, Benard et Cie

Nautilus striatus, Sowerby I.

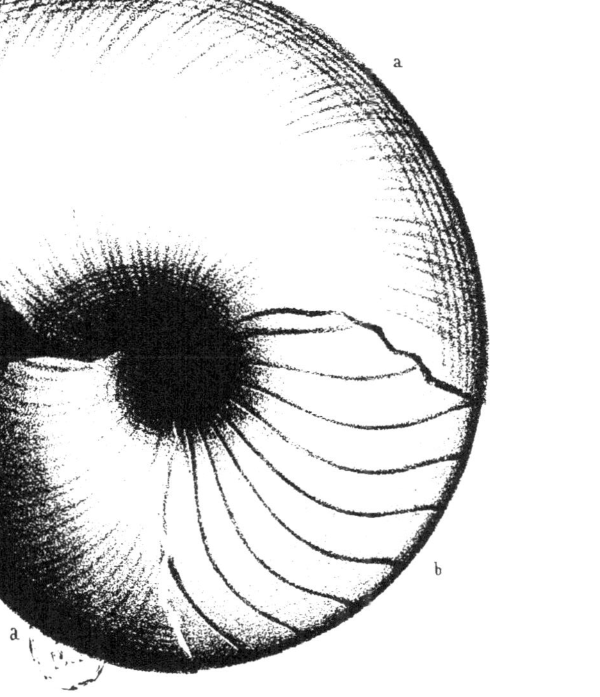

3

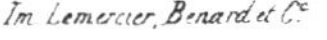

4

J. Delarue lith.

Im. Lemercier, Benard et Cie

Nautilus semistriatus, d'Orb. L.

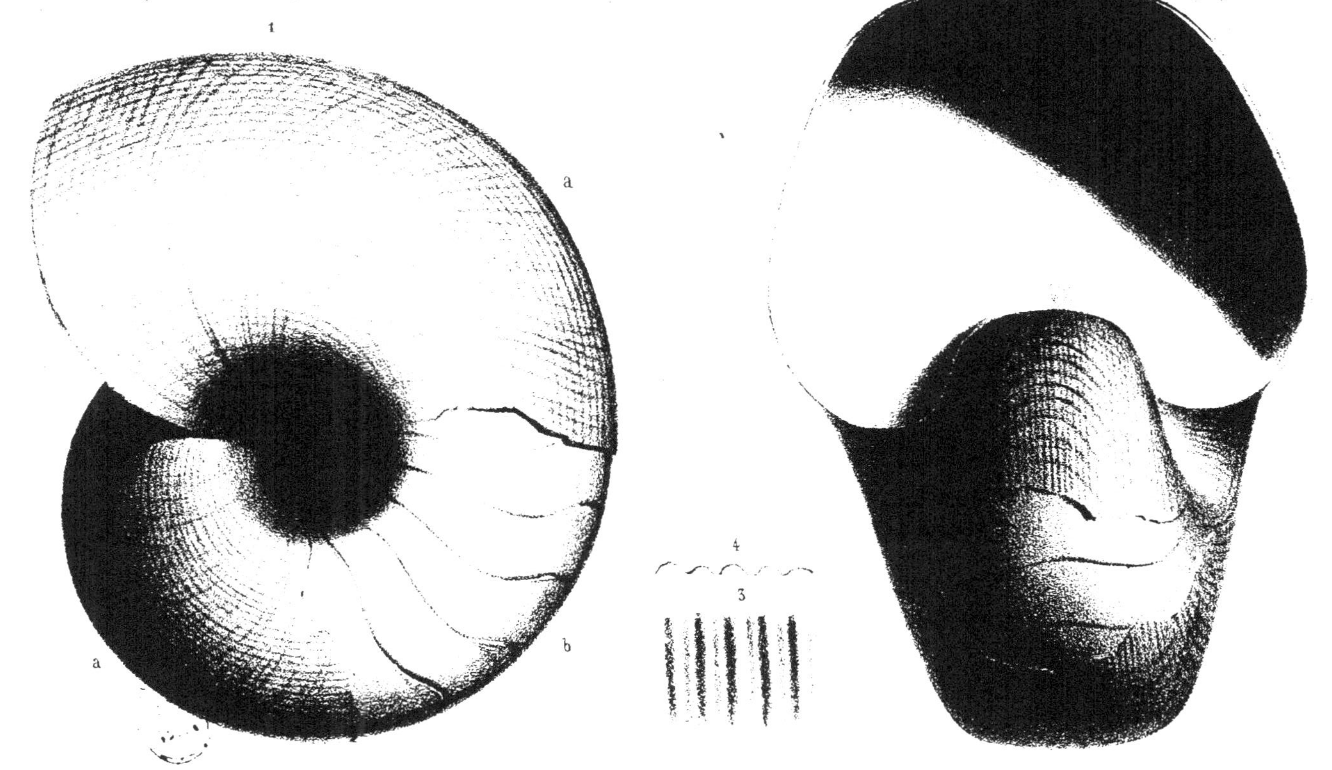

J. Delarue lith.

Imp. Lemercier, Benard et Ce

Nautilus intermedius, Sowerby L.

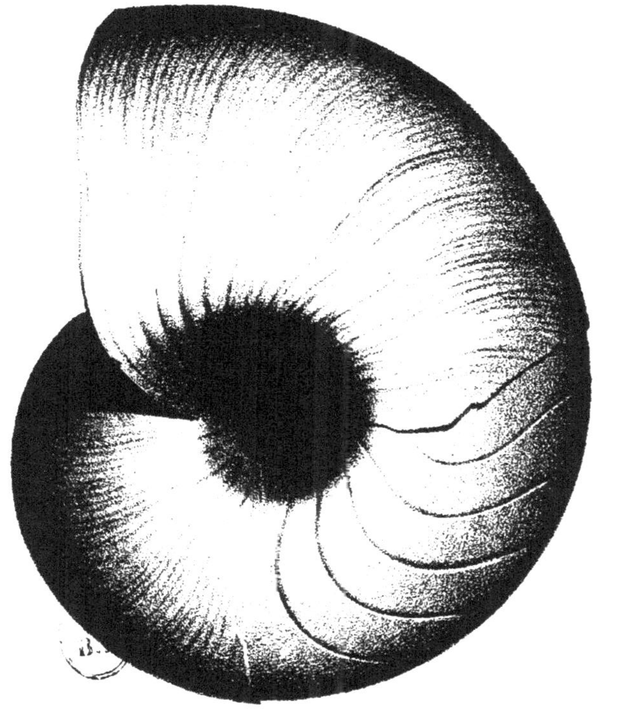

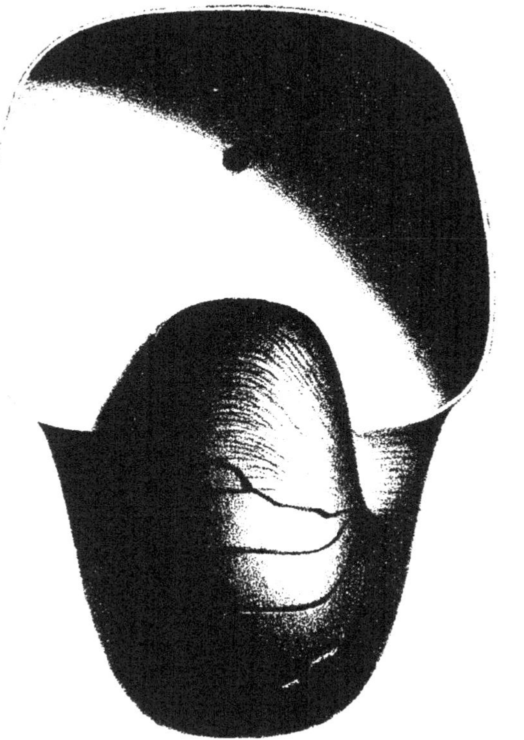

J. Delarue. lith *Im. Lemercier Benard et Cie*

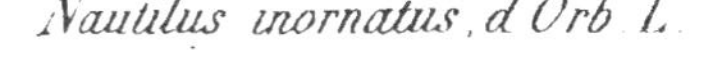

Nautilus inornatus, d'Orb. L.

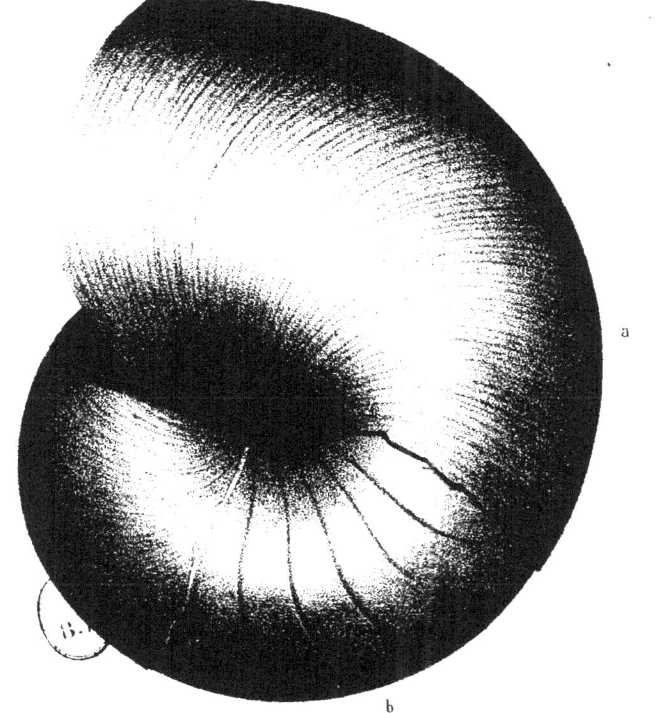

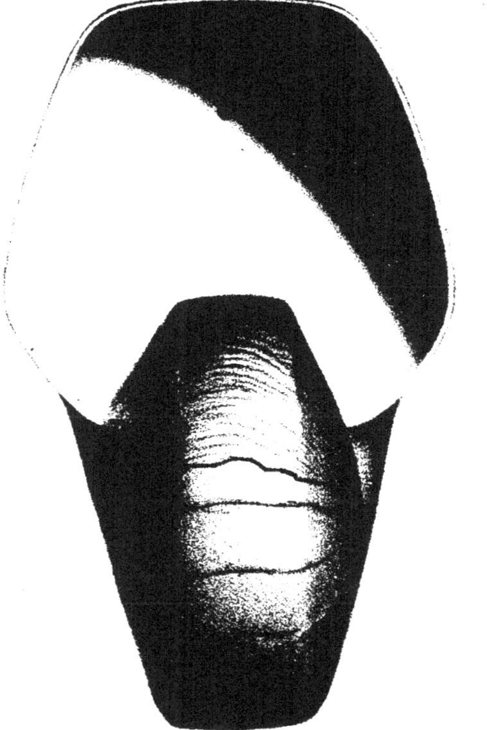

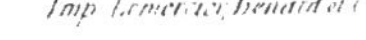

J. Delarue del.

Imp. Lemercier, Benard et C.

Nautilus truncatus, Sowerby. O. I.

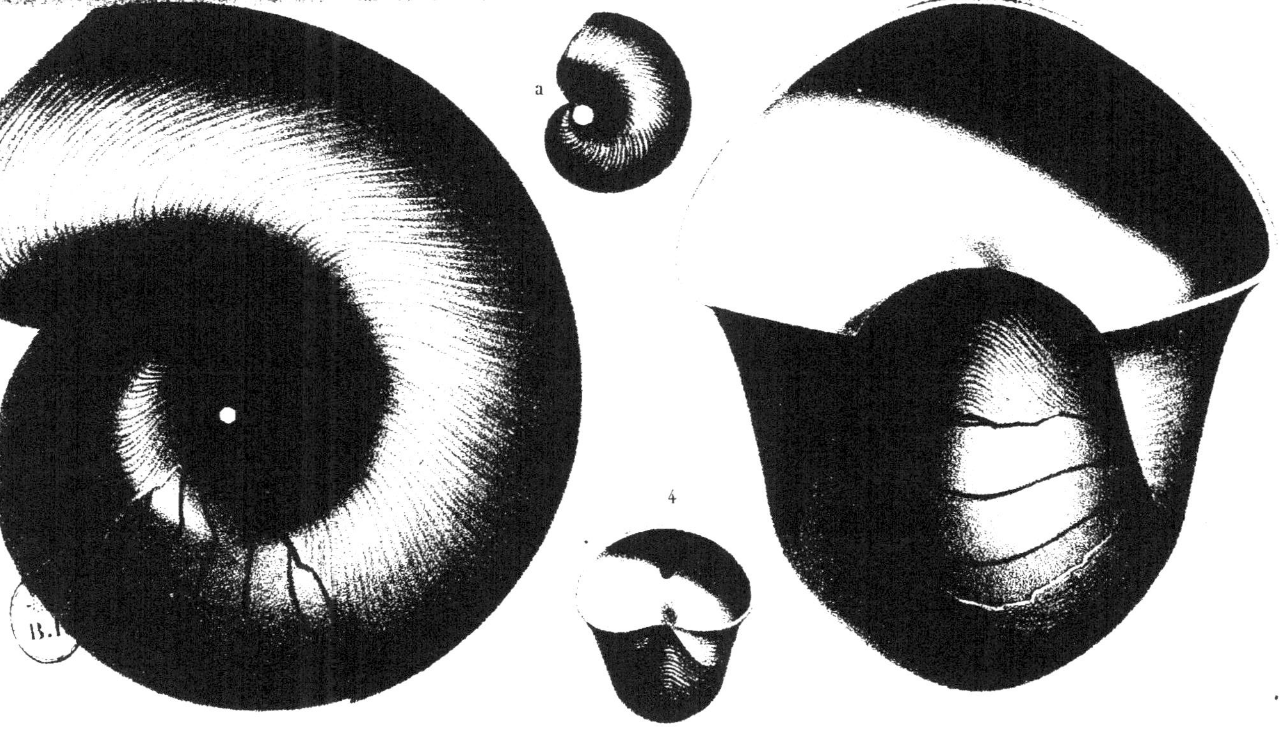

J. Delarue lith

Imp. Lemercier Benard et C.ie

Nautilus excavatus. Sowerby. L.

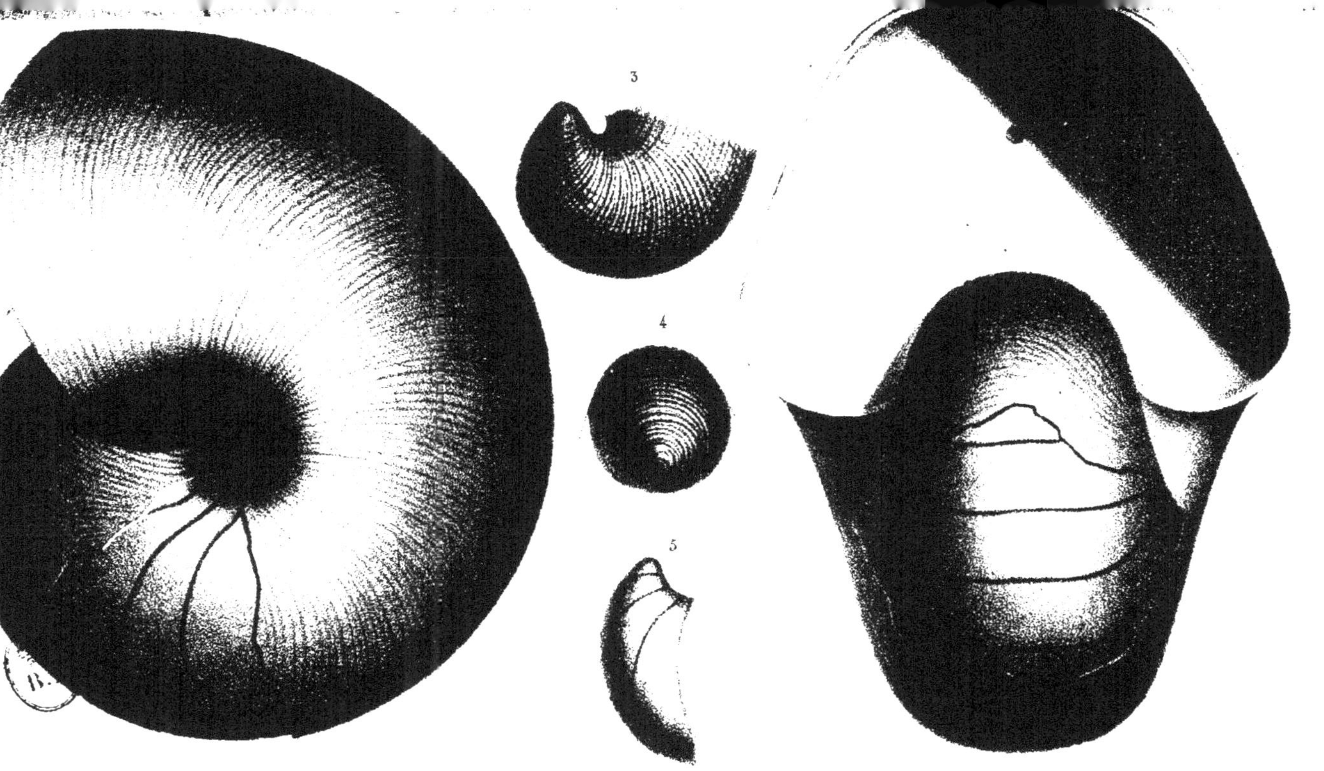

J. Delarue lith.

Imp. Lemercier, Benard et Cie

Nautilus lineatus, Sowerby Ol

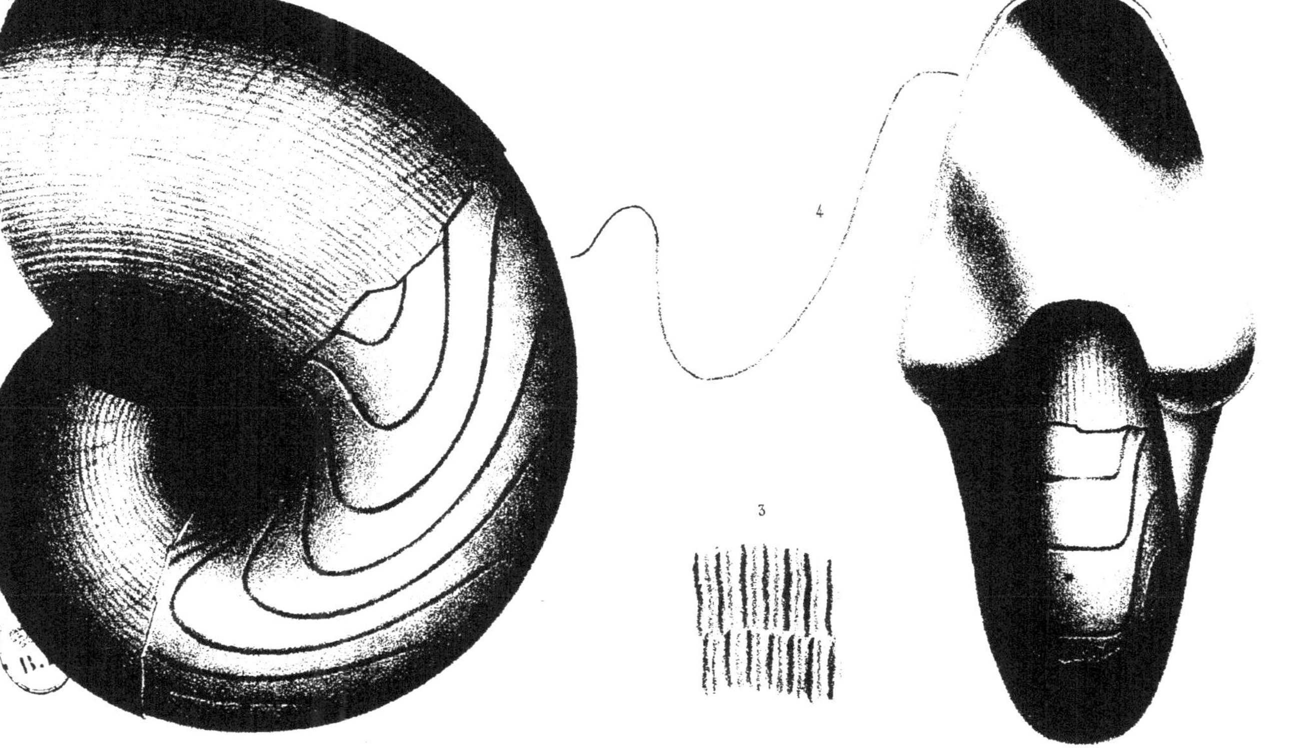

J. Delorme lith.

Imp. Lemercier Benard & Cie

Nautilus sinuatus, Sowerby O. I.

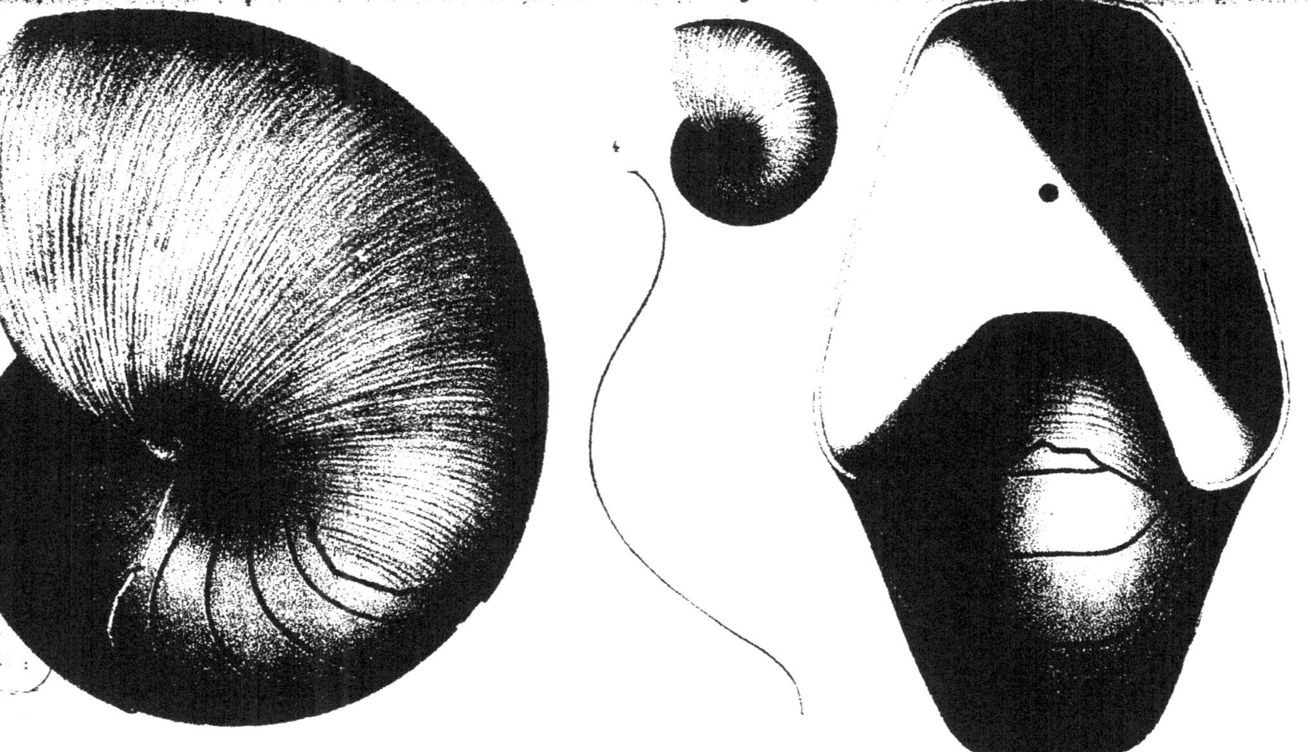

J. Delarue del.

Imp. Lemercier Benard et C.

Nautilus clausus, d'Orb. 01.

3

J. Delarue del.

Imp. Lemercier Benard et C.

Nautilus biangulatus, d'Orb. G I.

1

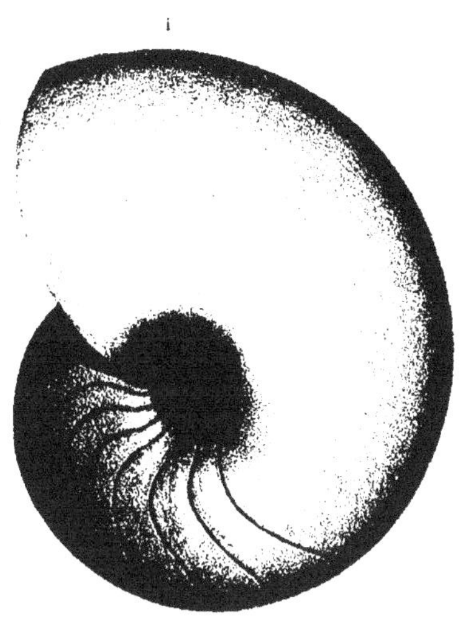

2

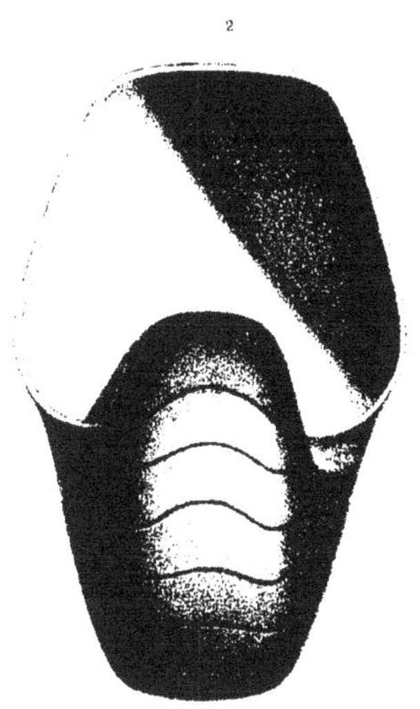

5

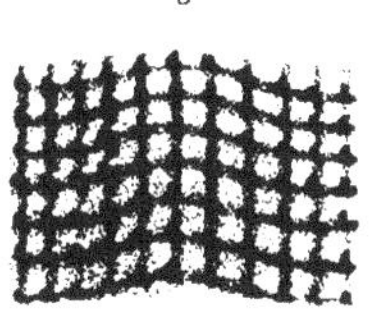

3

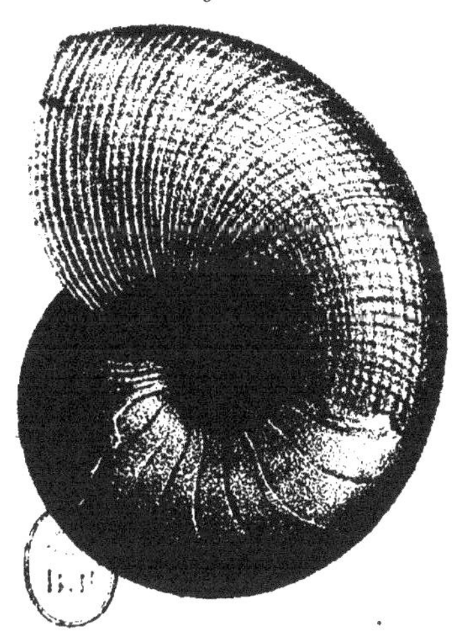

4

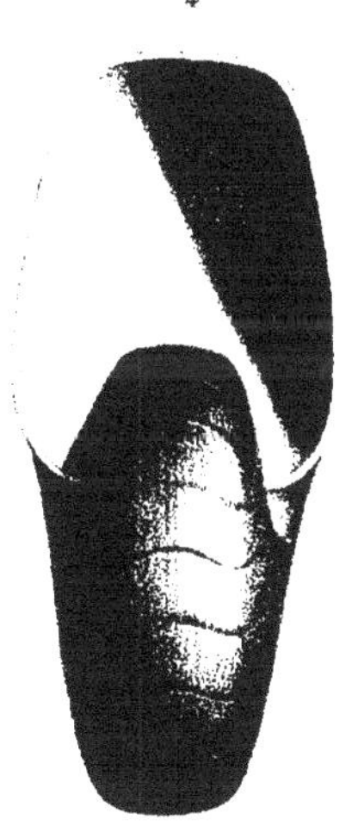

[De]larue del.

Imp. Lemercier Benard et C.

1, 2 _ *Nautilus hexagonus, Sow. OX.*
3, 5 _ *N. granulosus, d'Orb. OX.*

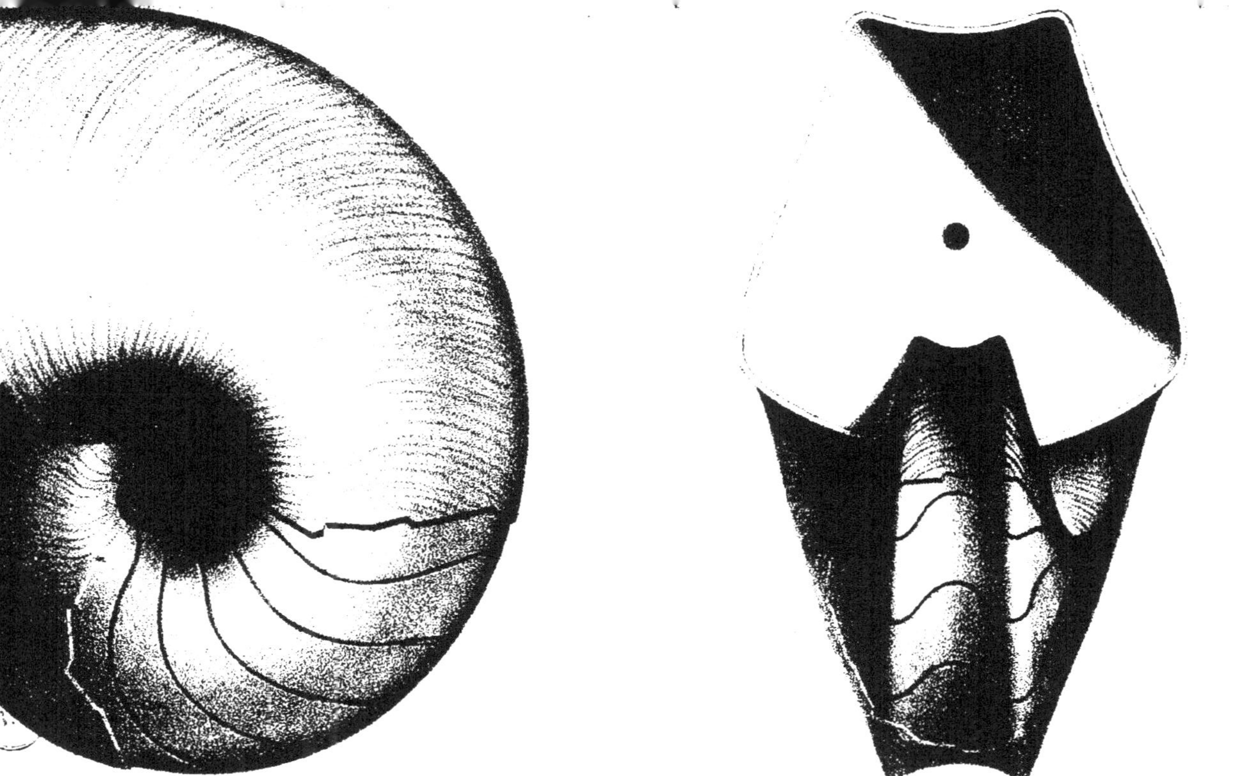

J. Delarue del.

Nautilus giganteus, d'Orb. o.x.

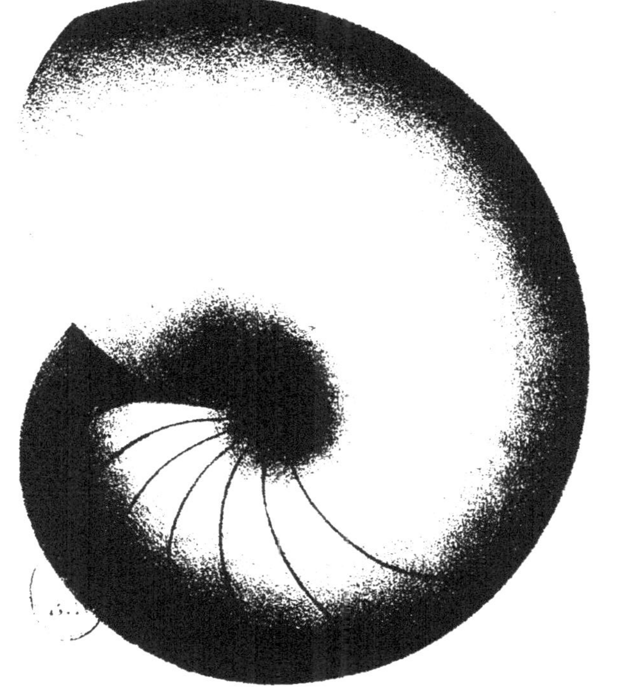

J. Delarue lith. — Im. Lemercier Bénard et C.

Nautilus inflatus, d'Orb. K.

1

3

$^1/_3$

J. Delarue lith.

Imp. Lemercier Benard et C.

Nautilus Gravesianus d'Orb.

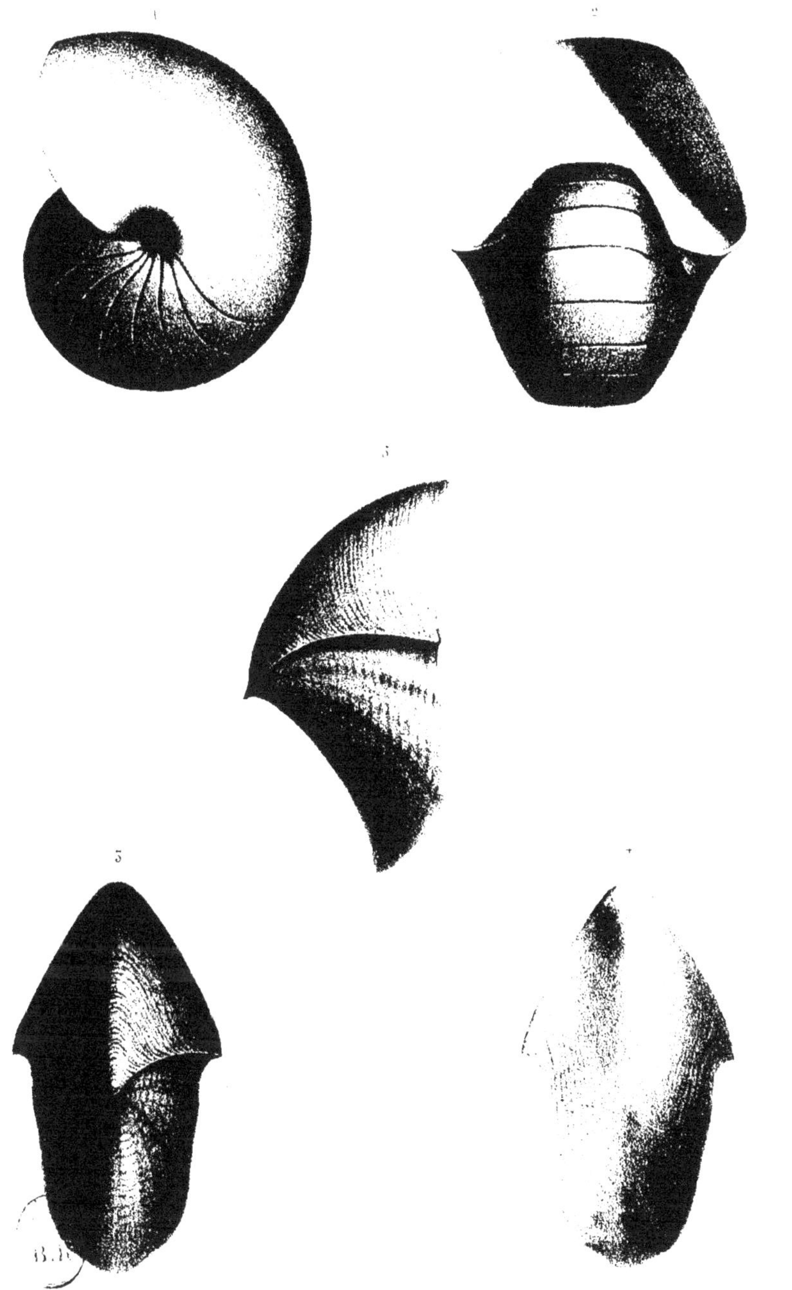

Delarue lith.　　　　[illegible]

1. 2. Nautilus Moreausus, d'Orb K.
3. 5. Bec du Nautilus lineatus, Sow. Ol.

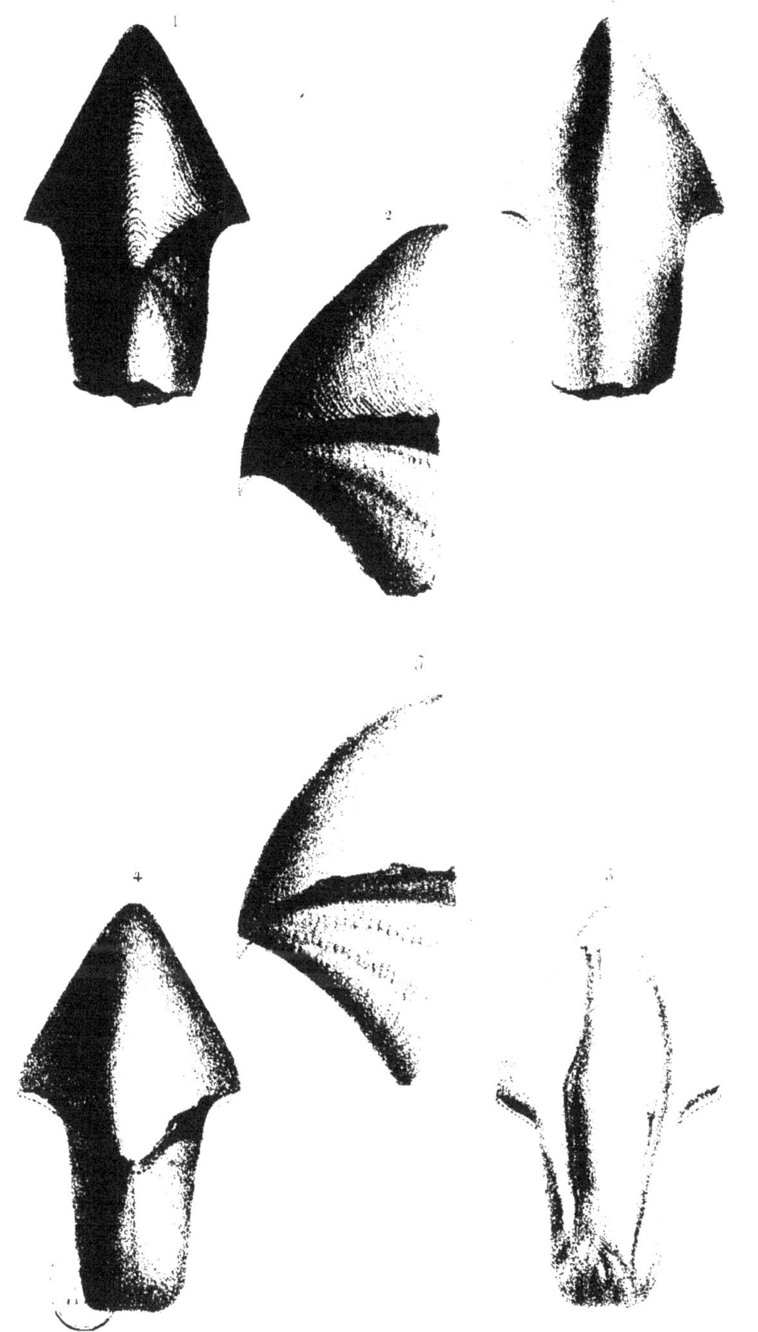

J. Delarue lith.

1. 2. Bec de Nautilus

4. 6 Bec du N. giganteus, d'Orb. O.X.

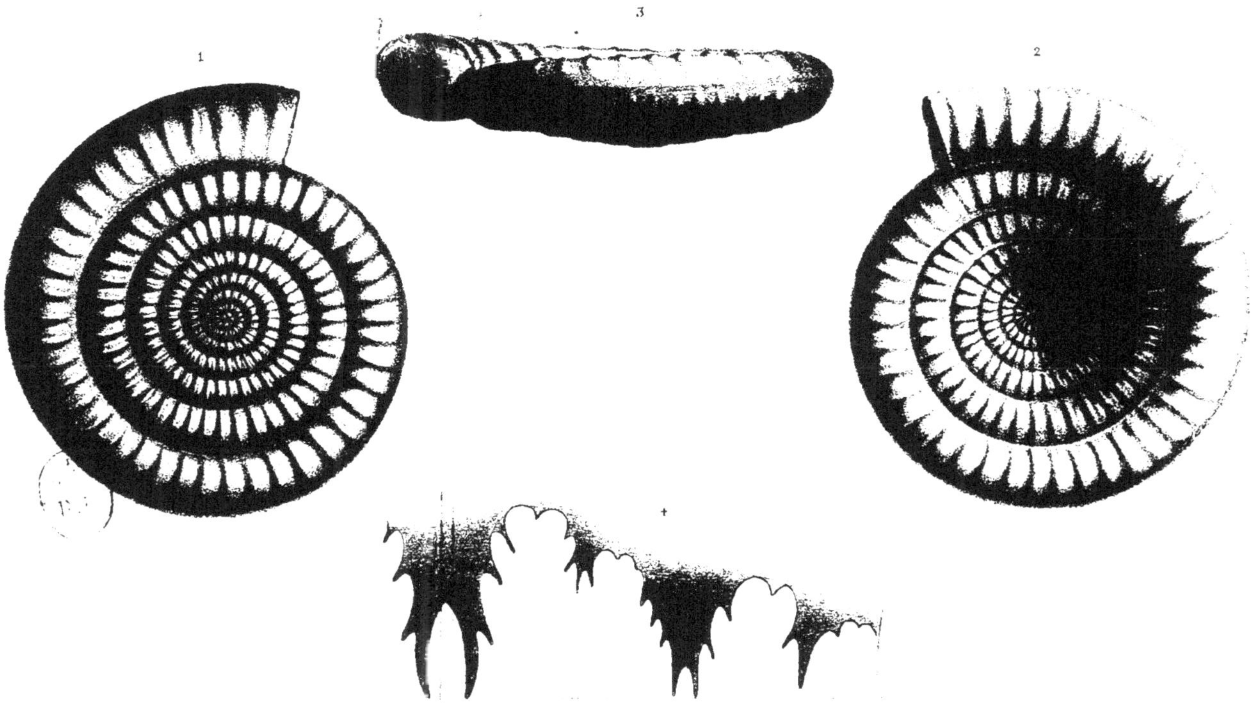

1

3

2

4

C. Delarue lith.

Imp. Lemercier

Turrilites Boblayei d'Orb. L

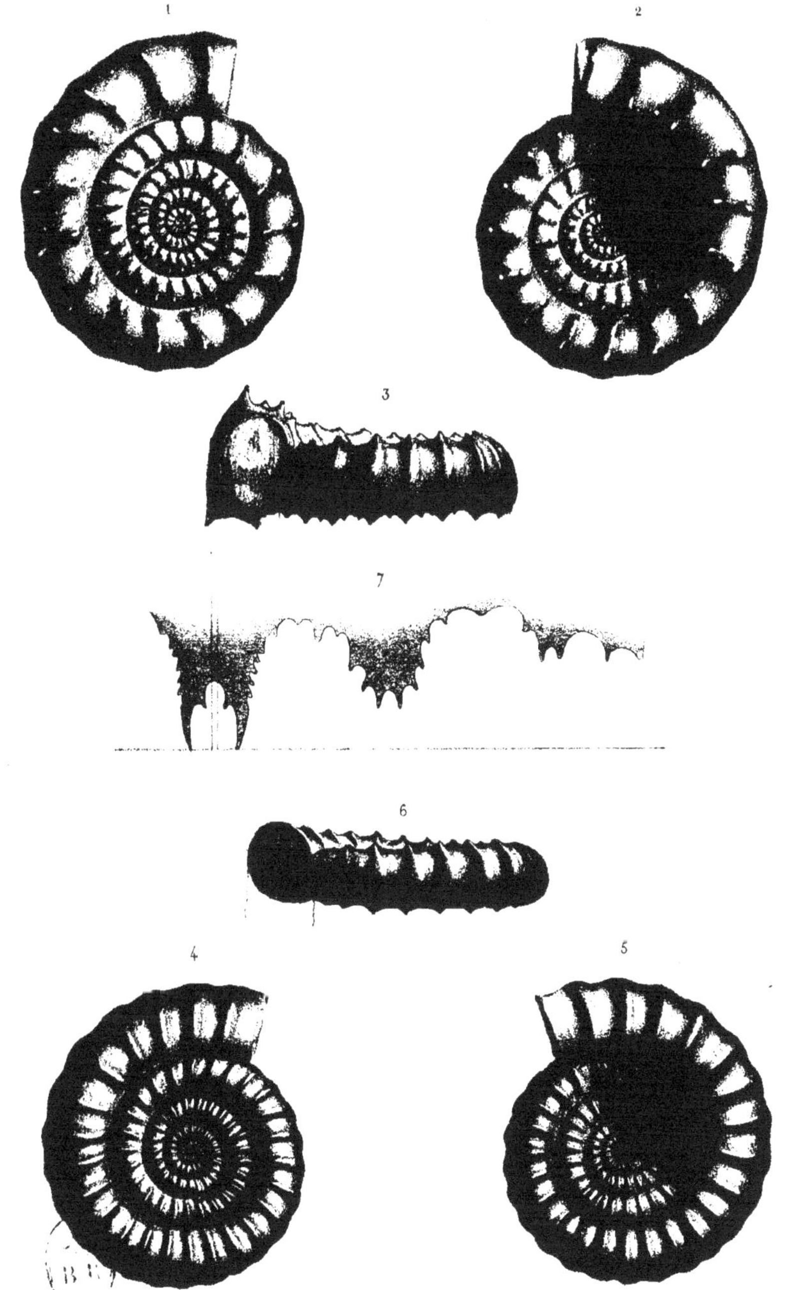

J. Delarue lith. Imp. Lemercier

1.3. Turrilites Valdani, d'Orb. L.
4.7. T. ——— Coynarti, d'Orb. L.

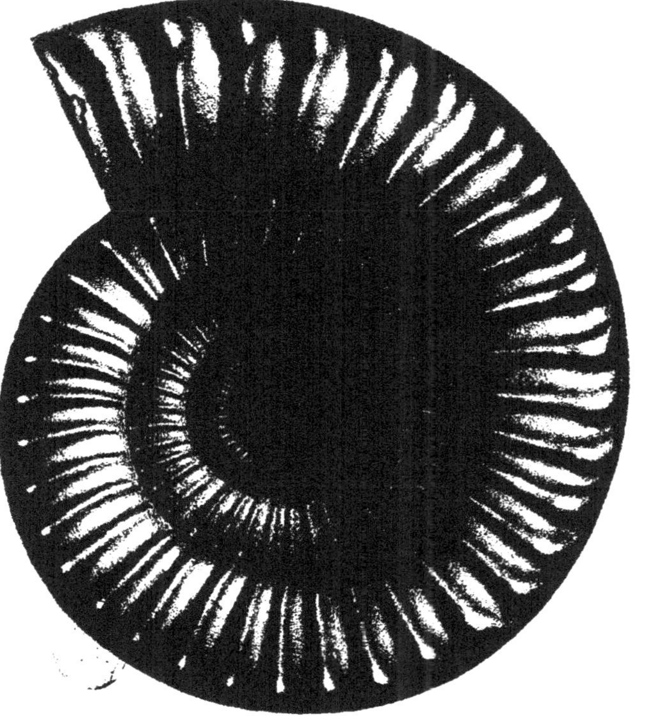

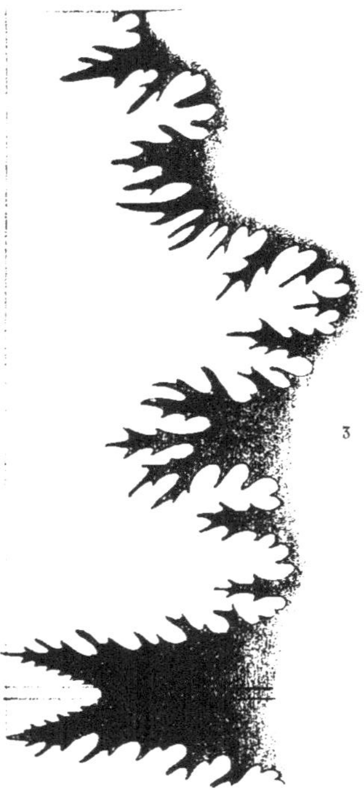

J. Delarue lith. Imp. Lemercier

Ammonites bisulcatus, Bruguière, L.

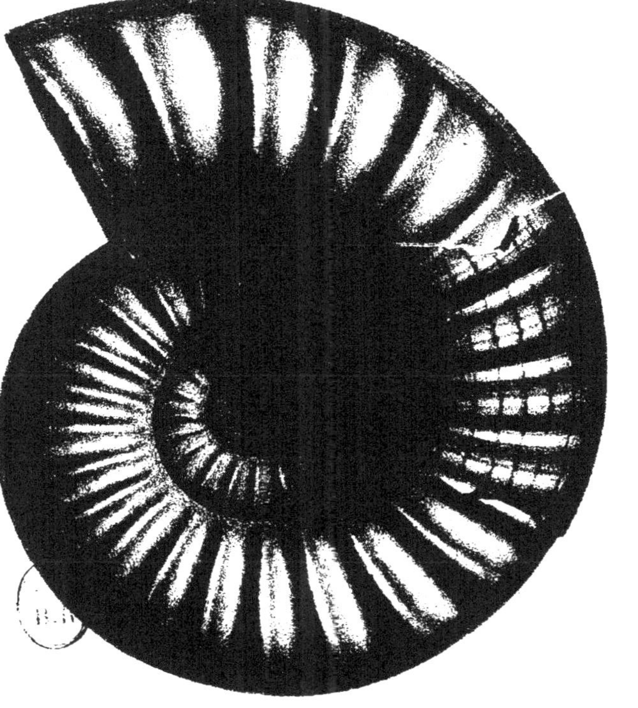

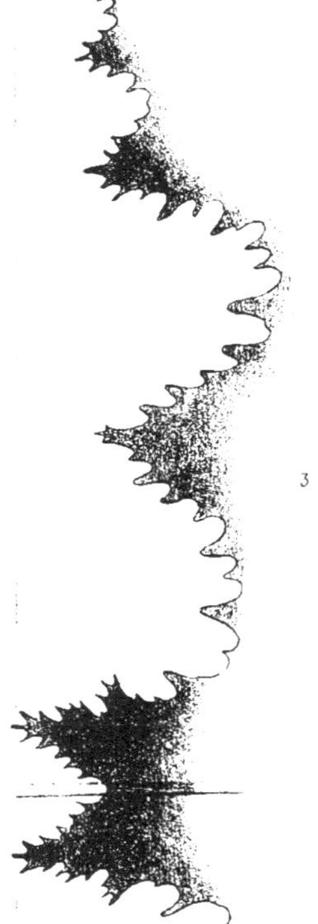

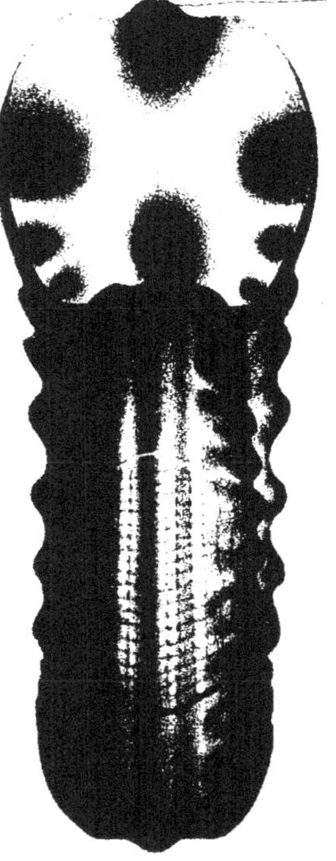

1 2 3

J. Delarue lith. Imp. Lemercier.

Ammonites obtusus, Sowerby. L.

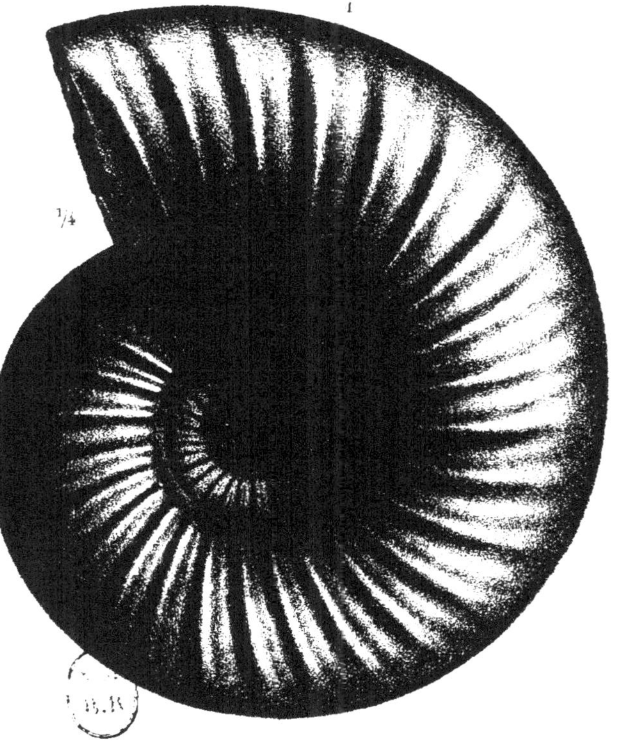

J. Delarue lith

Imp. Lemercier

Ammonites stellaris. Sow. L.

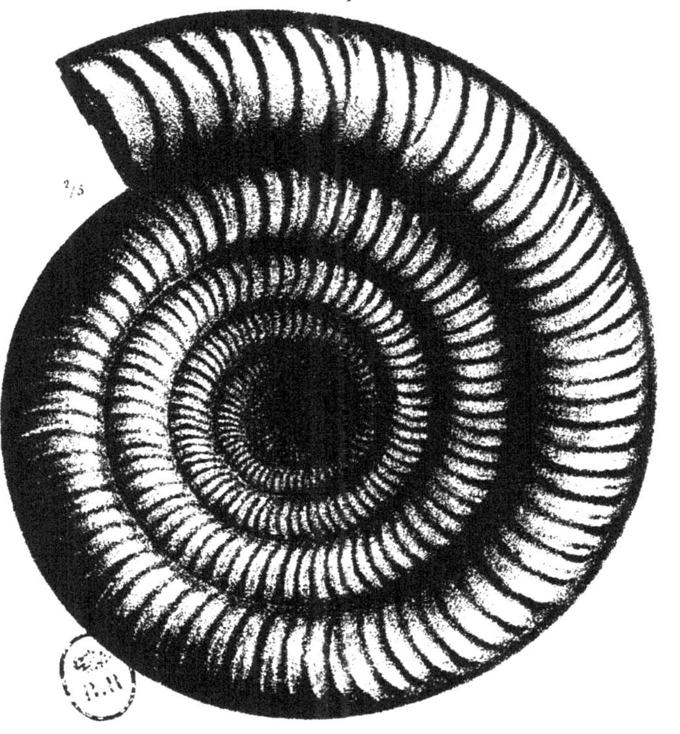

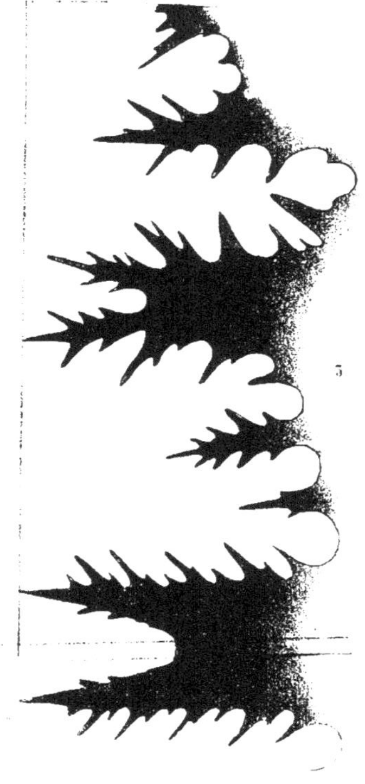

J. Delarue lith. — Imp. Lemercier

Ammonites Bonardi, d'Orb. 1.

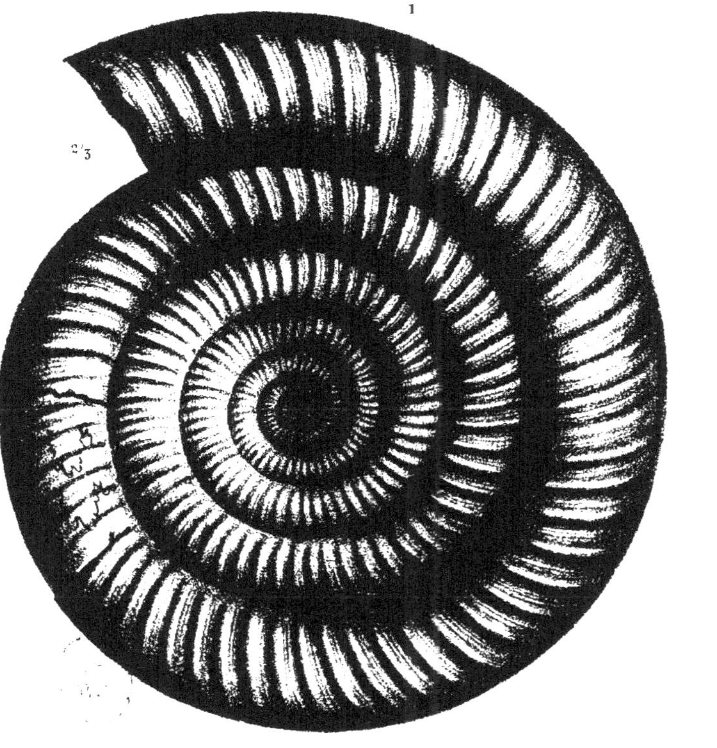

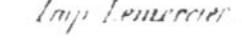

J. Delarue lith.

Imp. Lemercier

Ammonites Nodotianus, d'Orb. L.

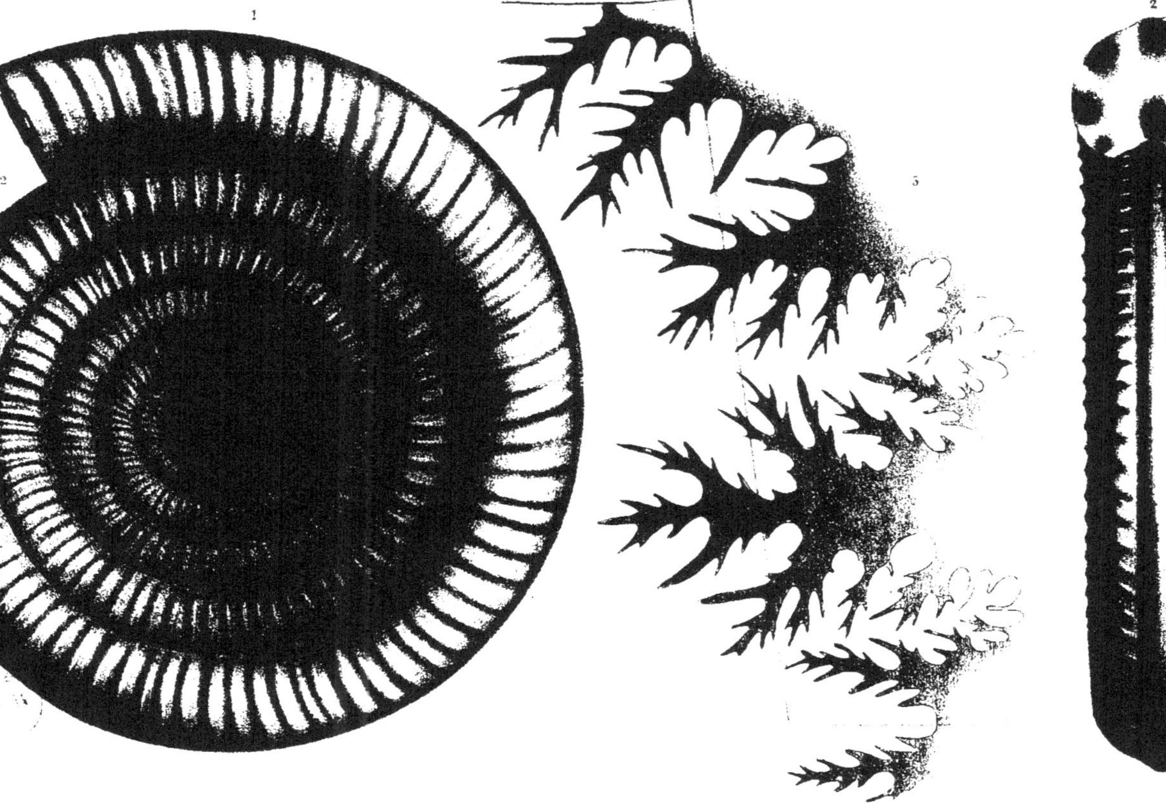

J. Delarue lith.

Imp. Lemercier

Ammonites Liassicus d'Orb. L.

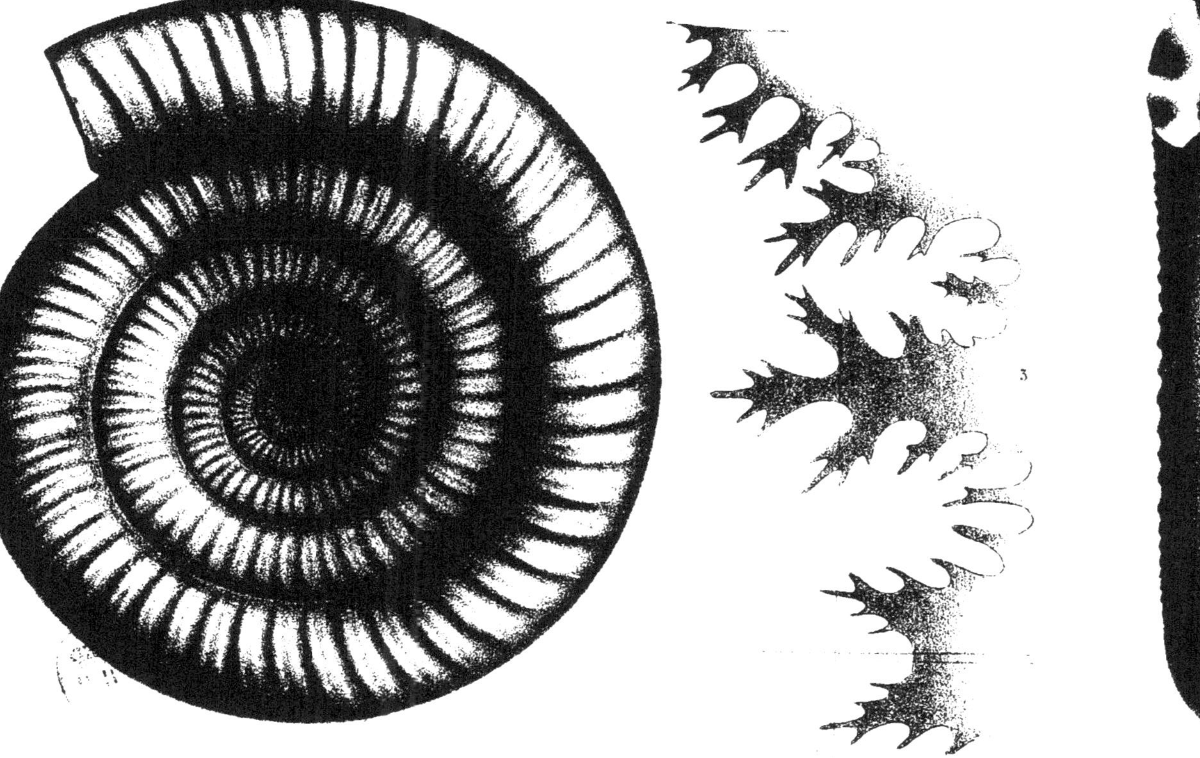

J. Delarue lith. Imp. Lemercier

Ammonites tortilis, d'Orb. I.

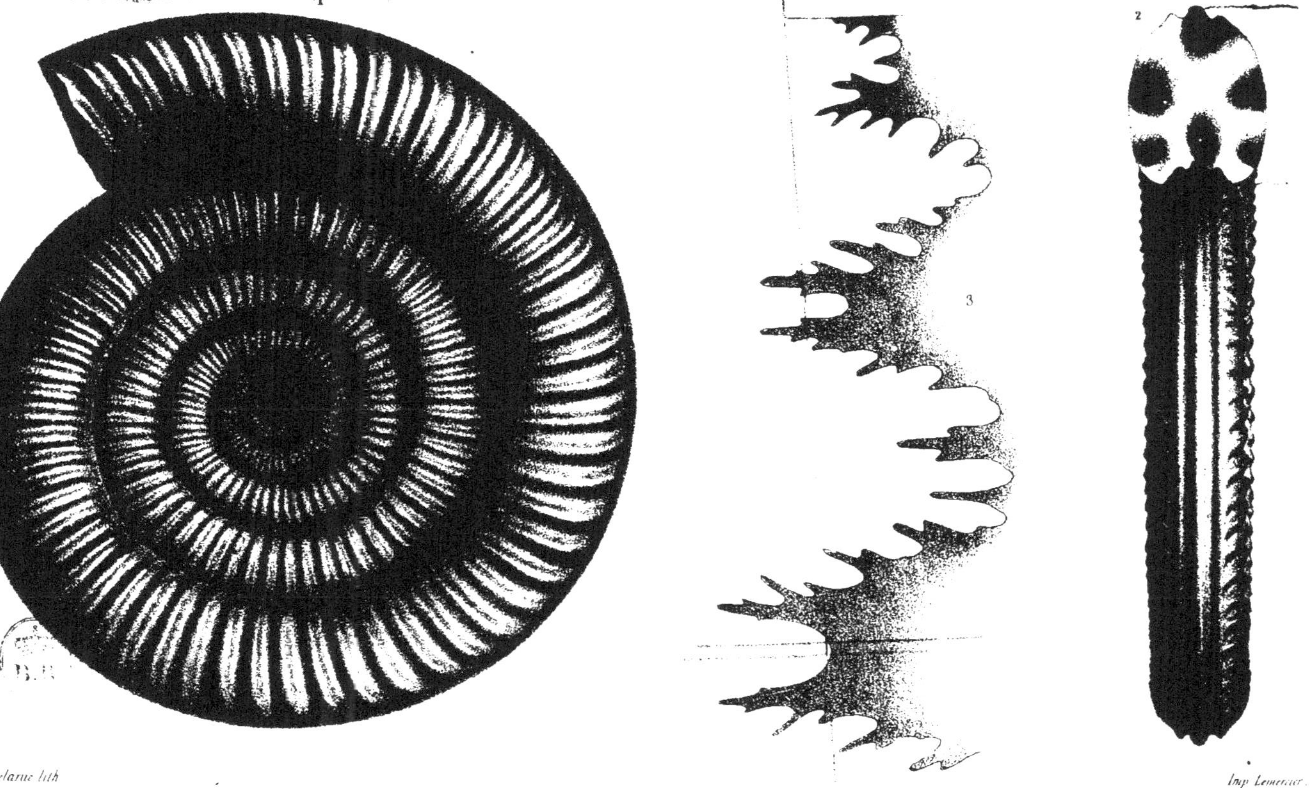

Ammonites Conybeari, Sow. L.

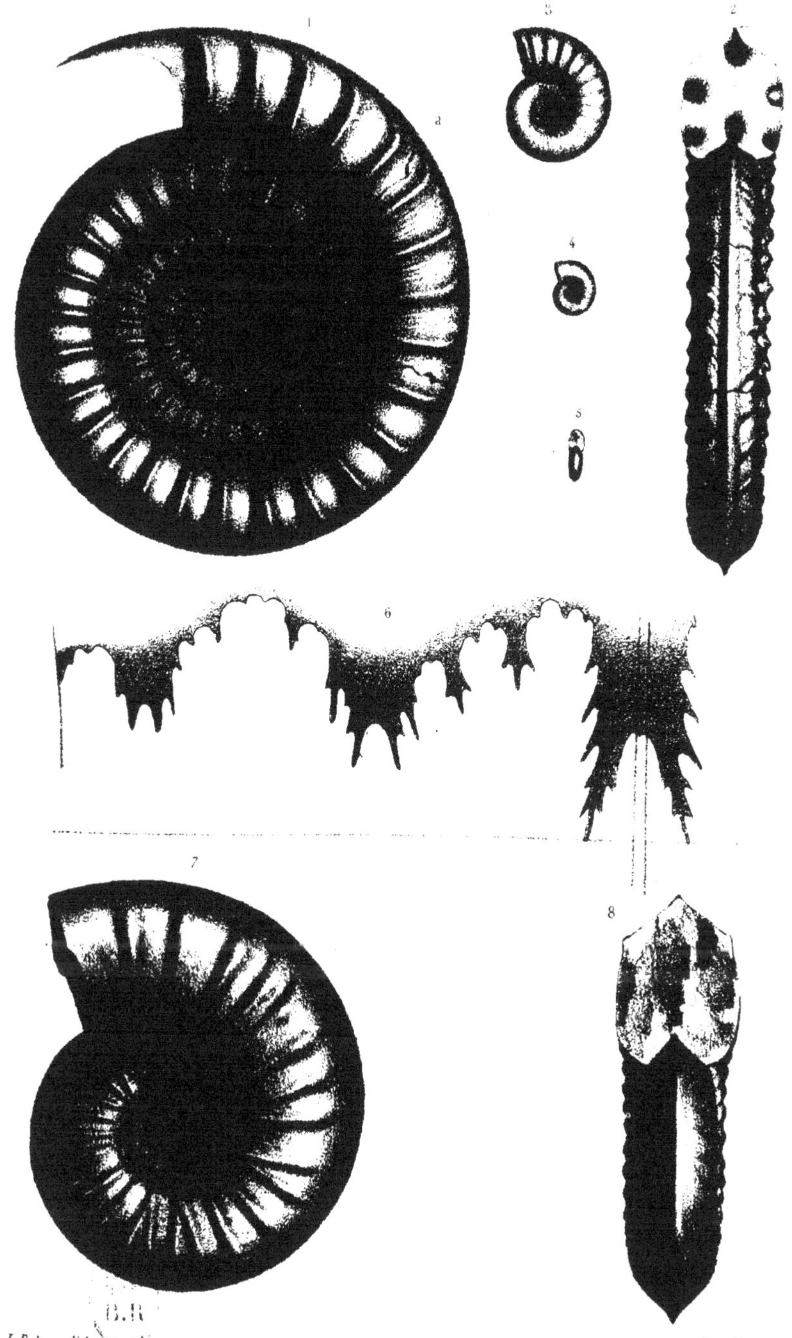

J. Delarue lith. Imp. Lemercier

1.6. Ammonites Kridion, Hehl. L.
7.8. A.—— Scipionianus, d'Orb. L.

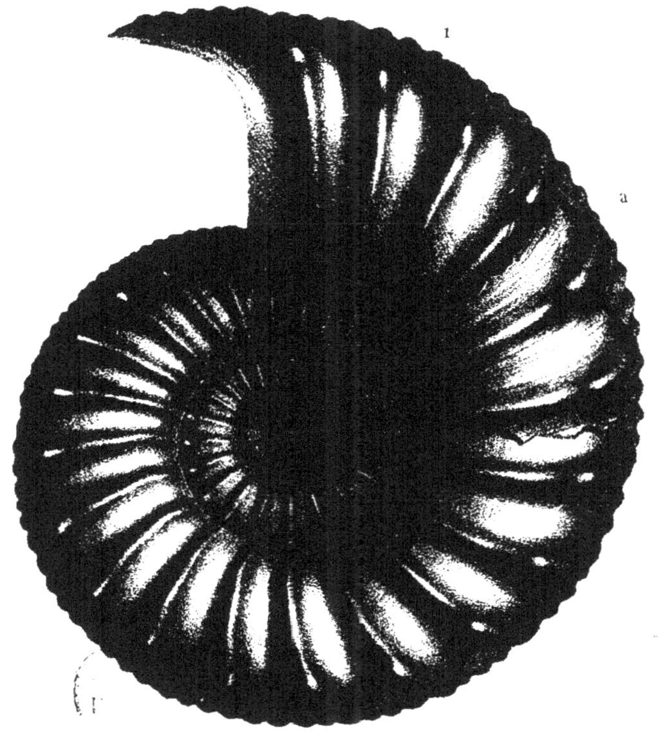

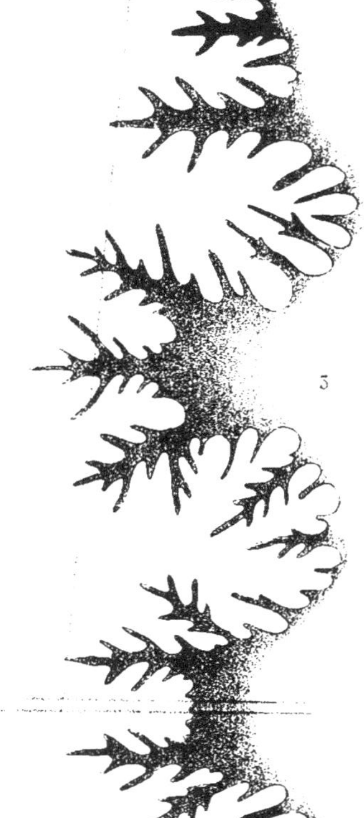

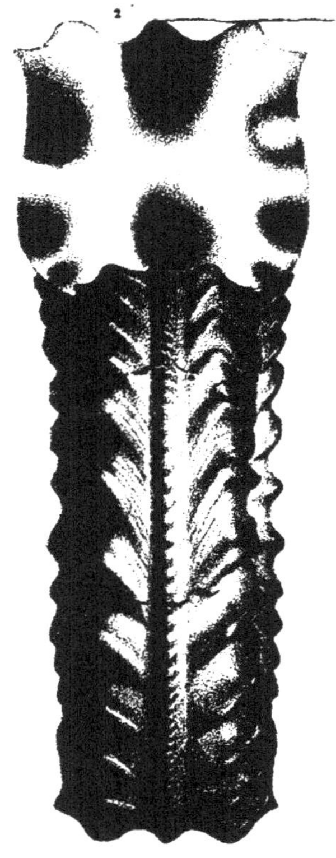

J. Delarue lith.

Imp. Lemercier.

Ammonites spinatus Bruguière, L.

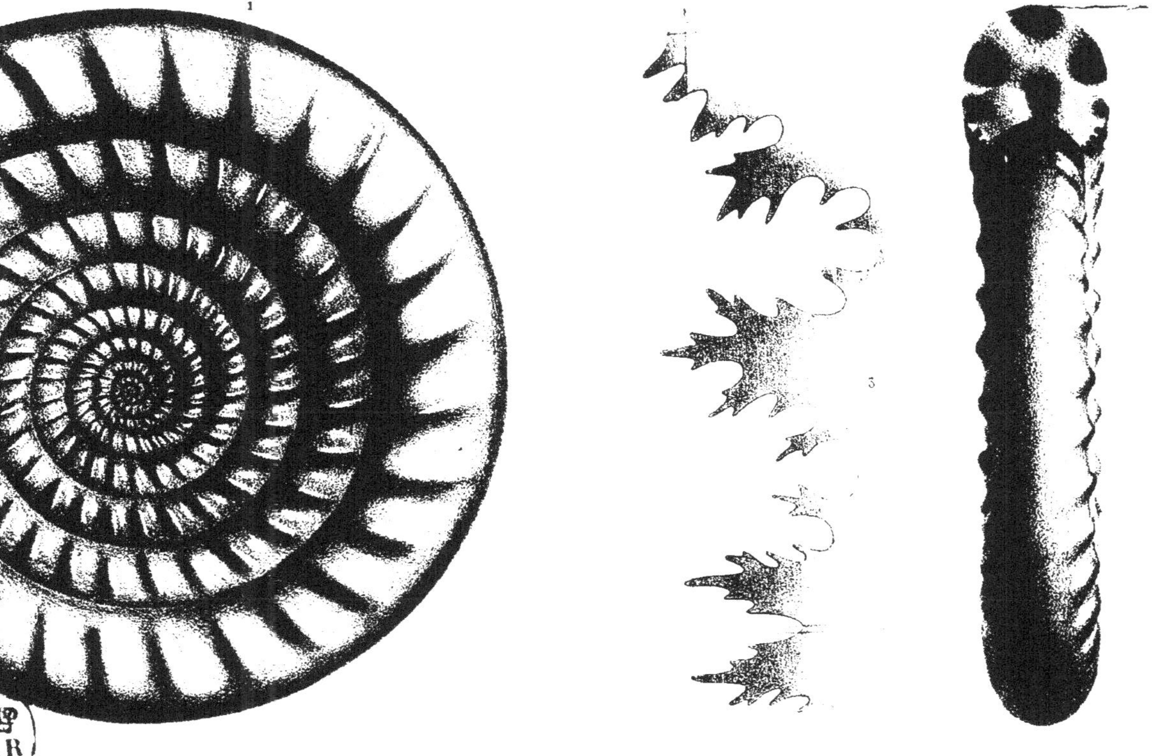

J. Delarue del

Imp. Lemercier

Ammonites torus, d'Orb. I.

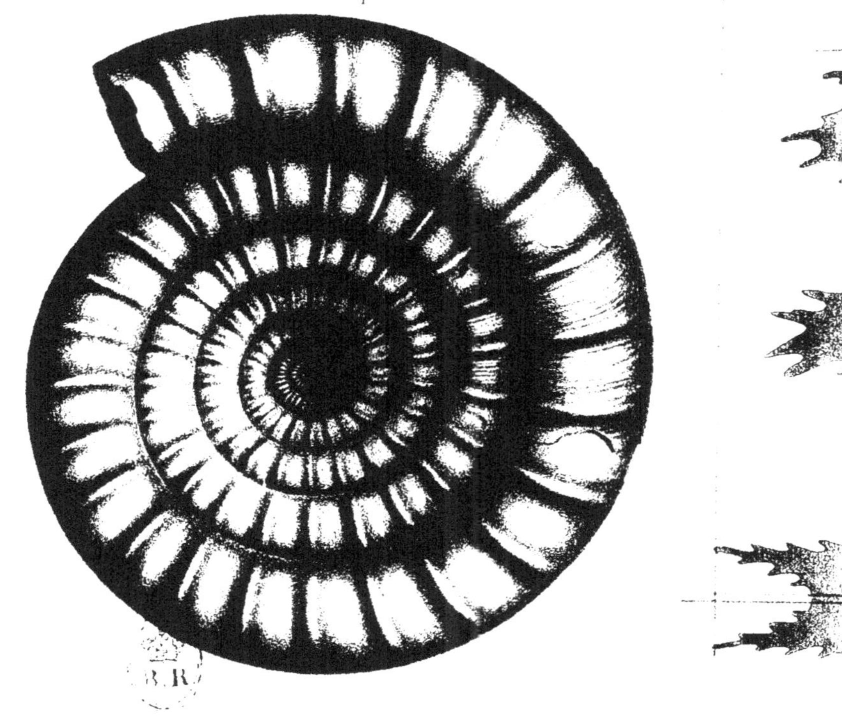

J. Delarue del.

Imp. Lemercier

Ammonites raricostatus, Zieten L.

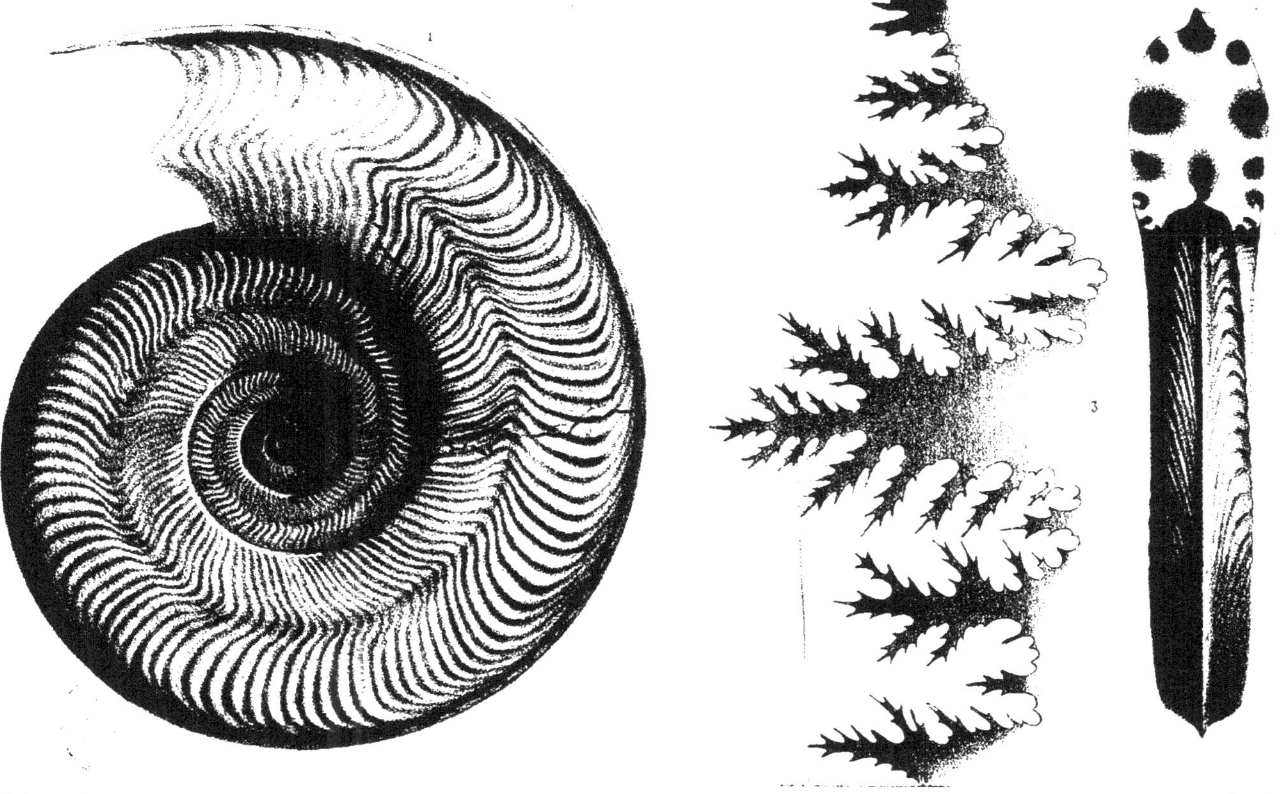

J. Delarue del

Imp. Lemercier

Ammonites serpentinus, Schlotheim, L

J. Delarue del.

Imp. Lemercier

Ammonites bifrons, Bruguière. I.

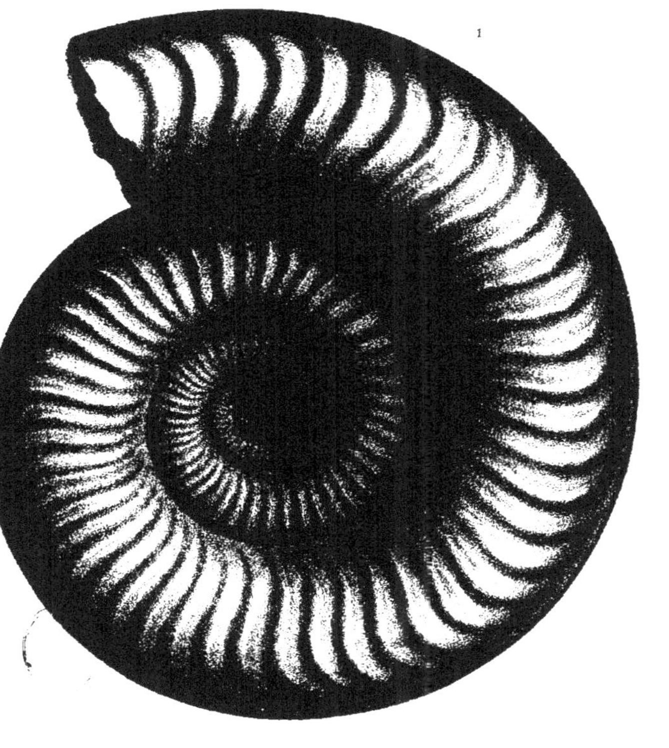

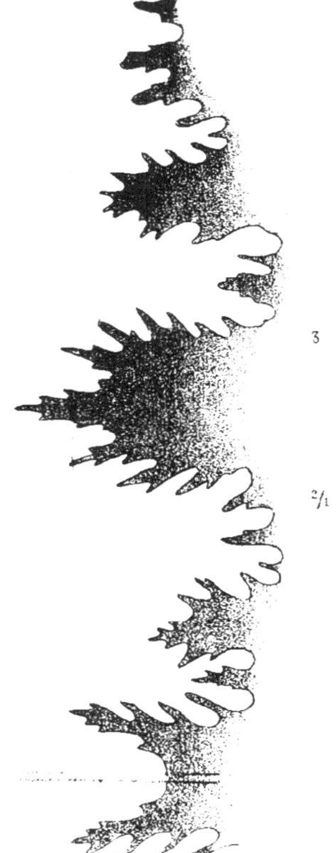

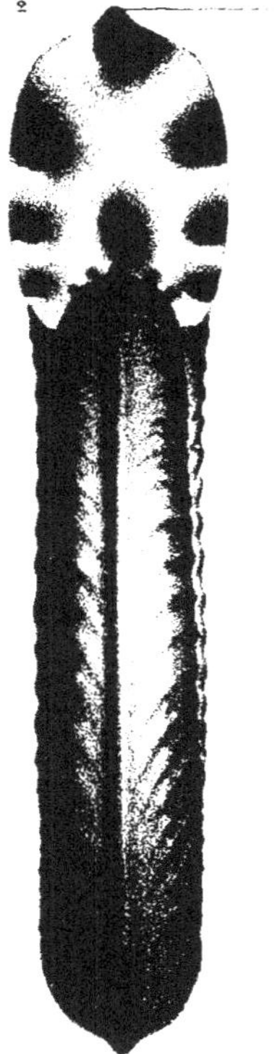

J. Delarue del.

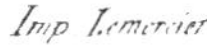
Imp. Lemercier

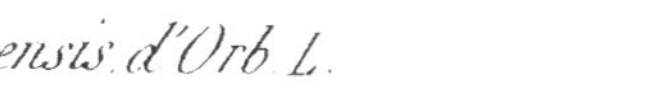
Ammonites thouarsensis d'Orb. L.

J. Delarue del.

Imp. Lemercier

Ammonites Masseanus, d'Orb. L.

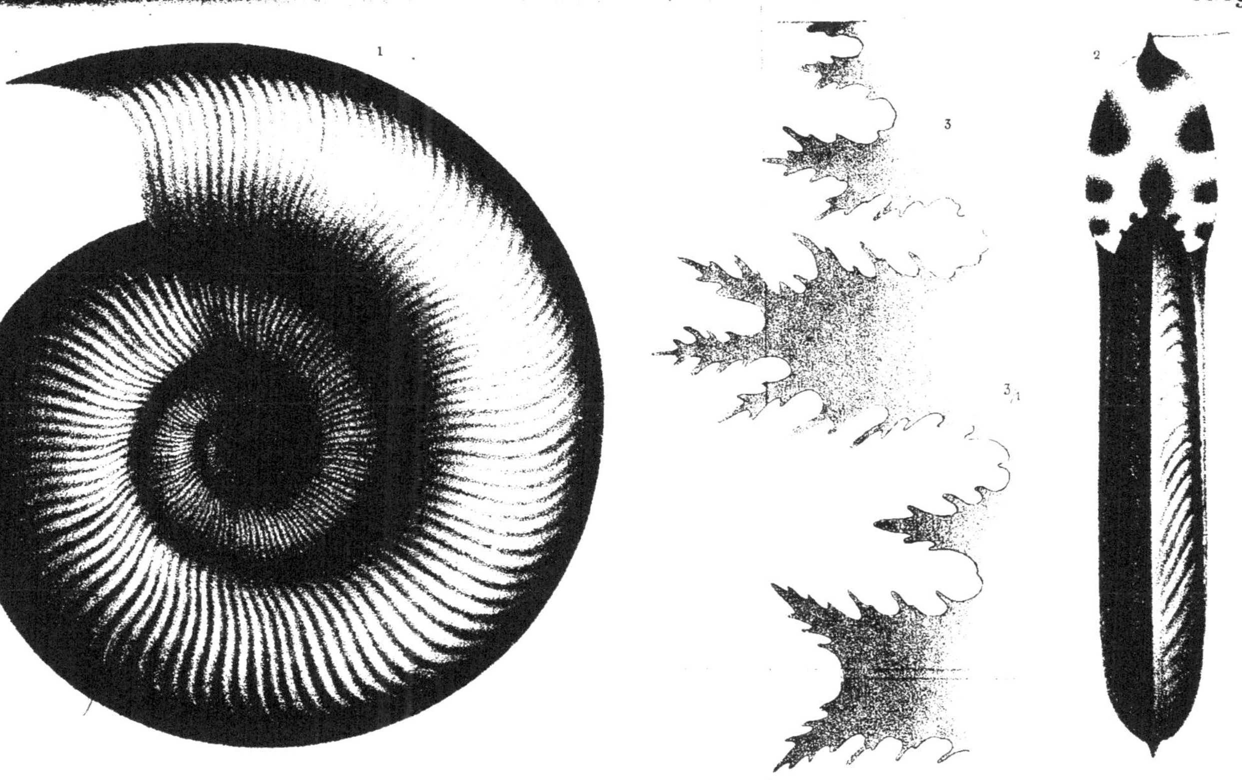

J. Delarue del.

Imp. Lemercier

Ammonites radians, Schloth. L.

J. Delarue del.

Imp. Lemercier

Ammonites solaris, Phillips L.

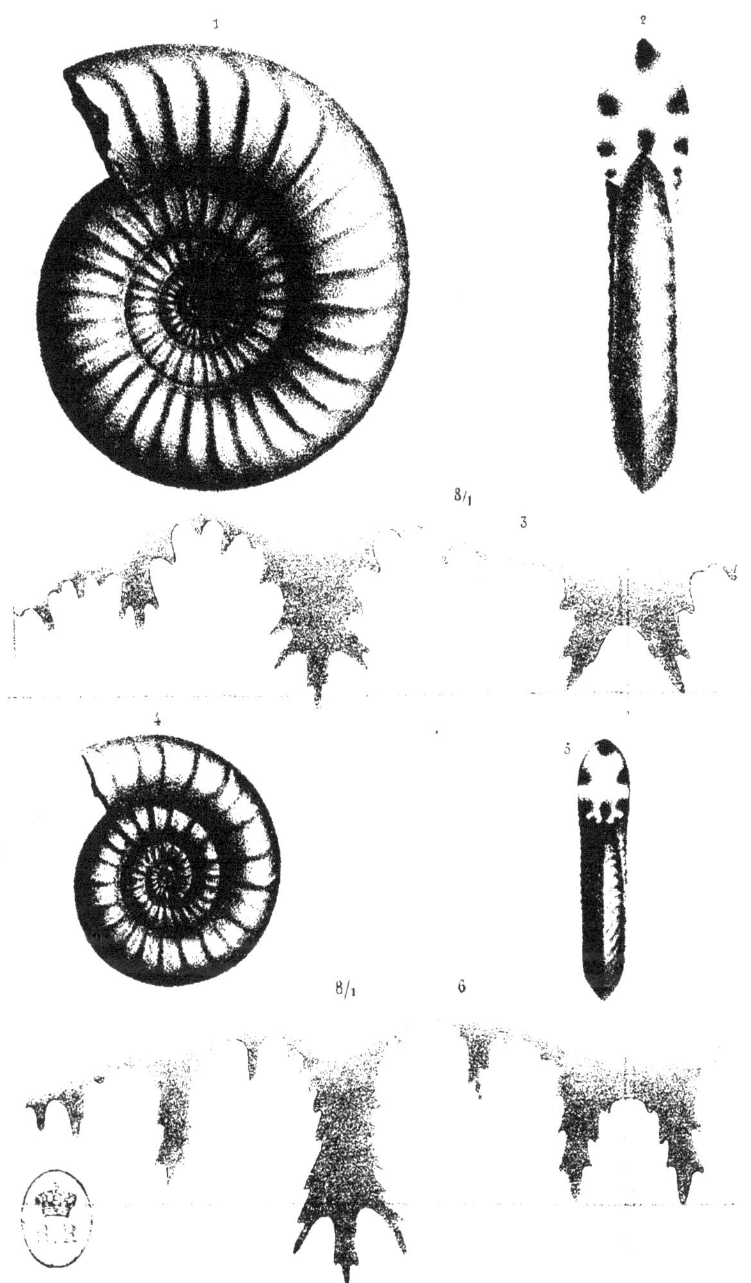

J. Delarue lith. Imp. Lemercier.

1, 3. Ammonites, actœon, d'Orb. L. moy.

4, 6. A______ Ægion, d'Orb. L. moy.

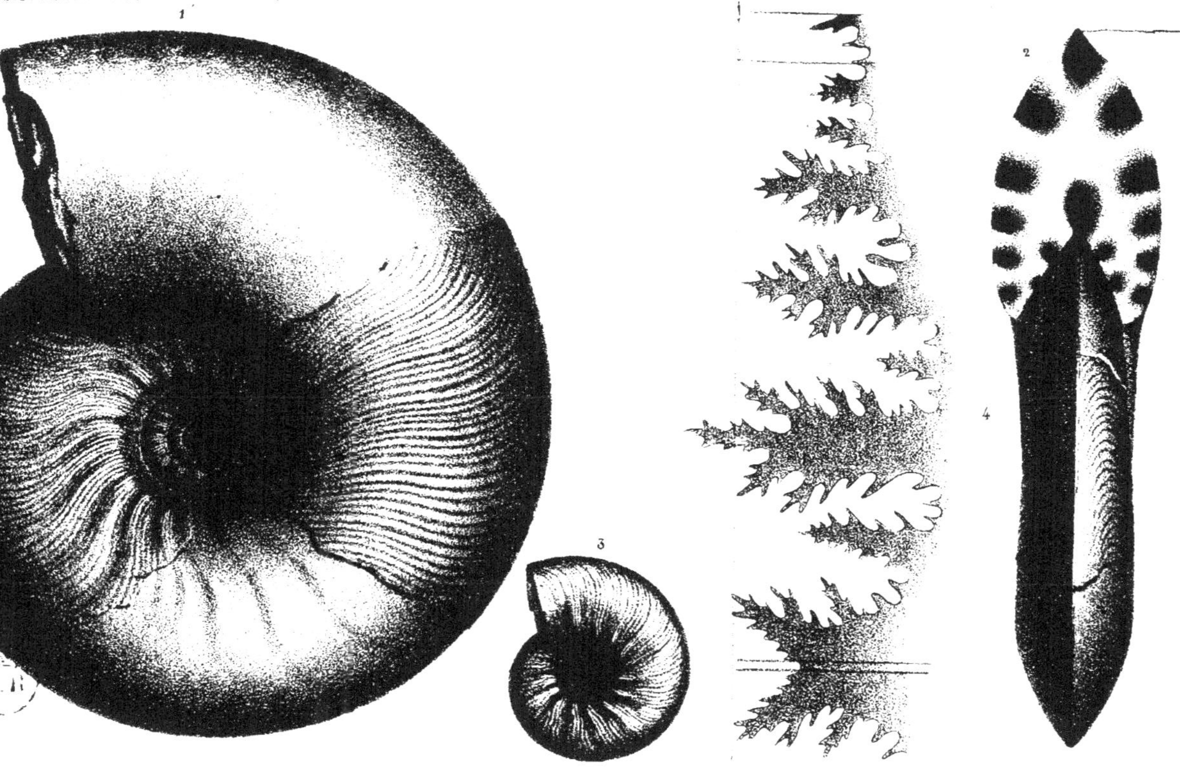

J. Delarue lith.

Imp. Lemercier.

Ammonites primordialis, shloth. L. Sup.

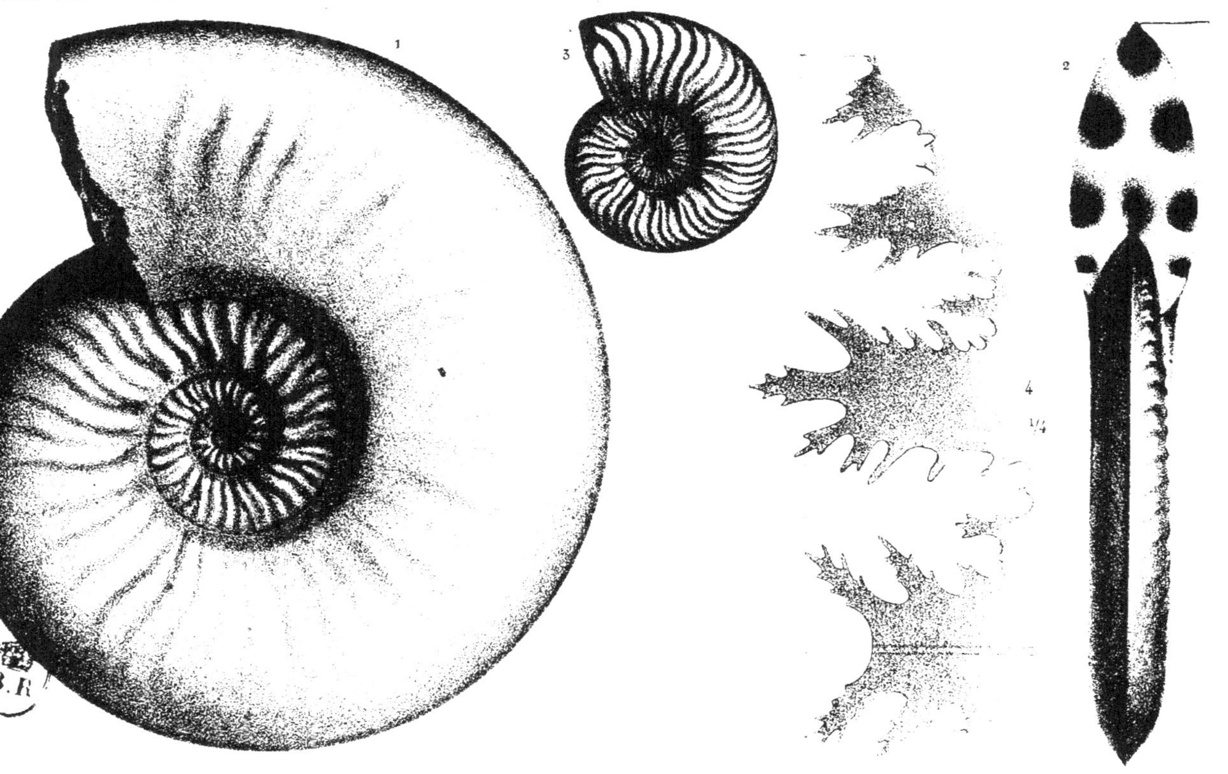

J. Delarue lith.

Imp. Lemercier

Ammonites candidus, d'Orb. L. Sup.

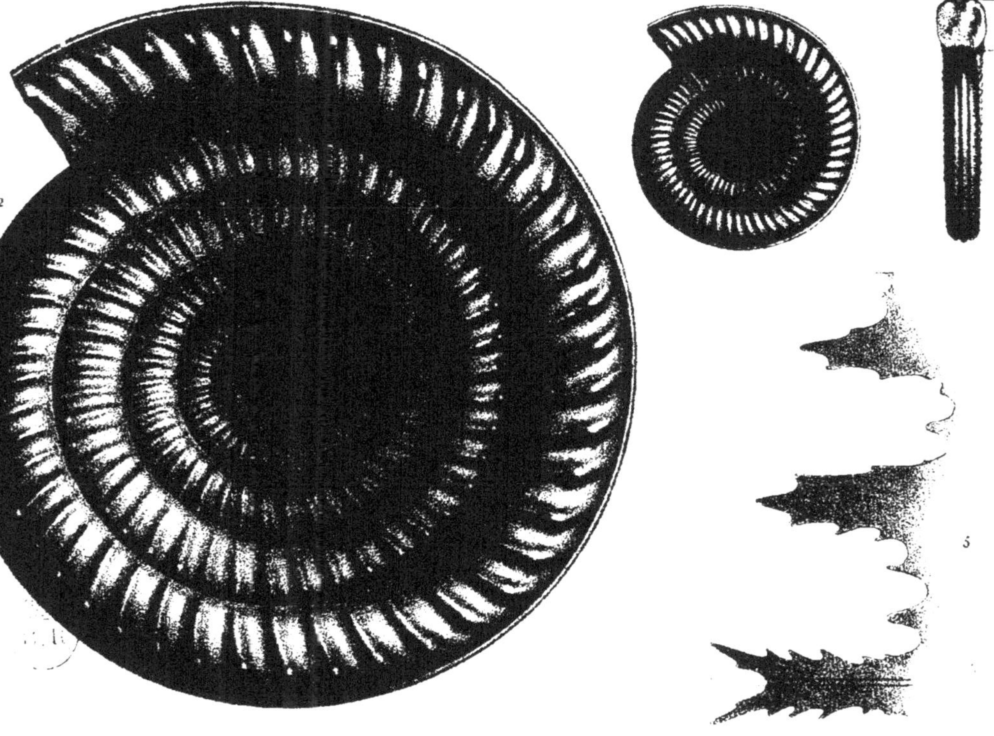

J. Delarue lith.

Imp. Lemercier.

1. 2. *Ammonites caprotinus*, d'Orb. L. inf.
3. 5. *A.* —— *ophioides*, d'Orb. L. inf.

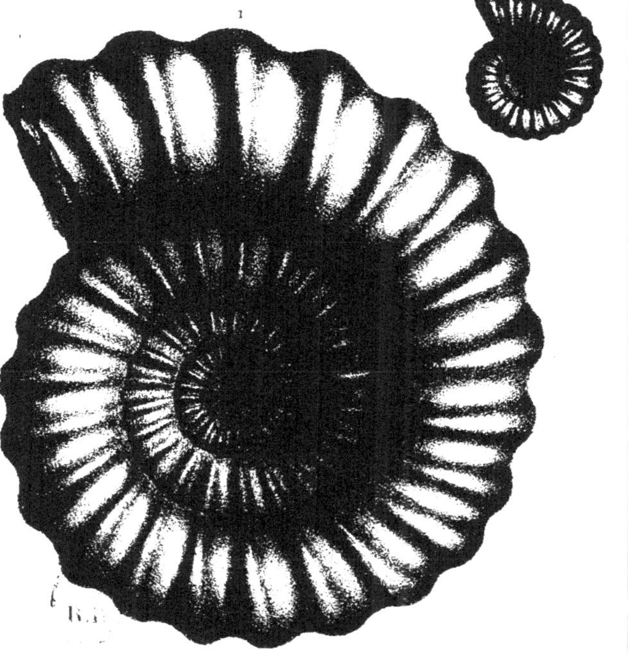

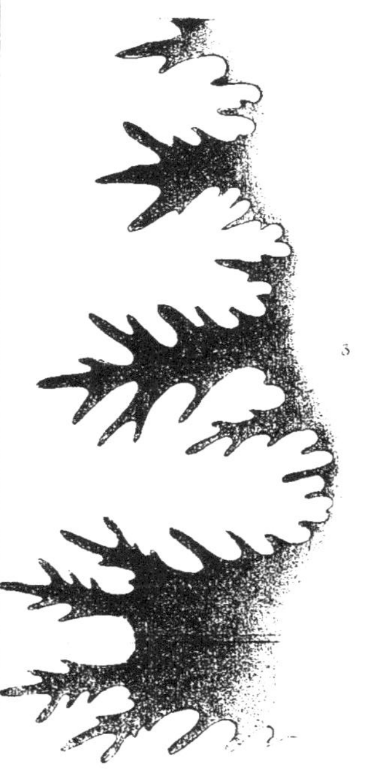

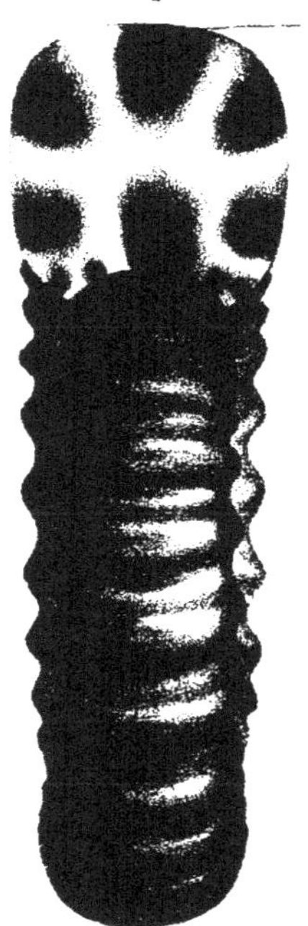

J. Delarue lith.

Imp. Lemercier

Ammonites planicosta, Sowerby L. m.

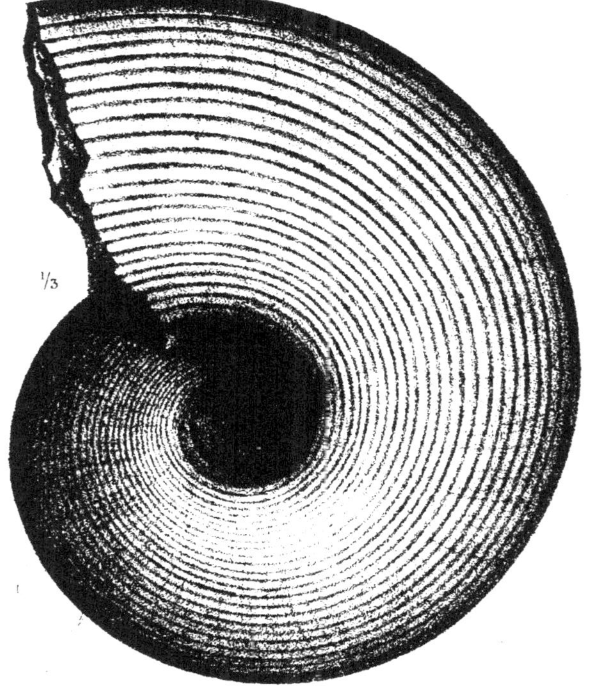

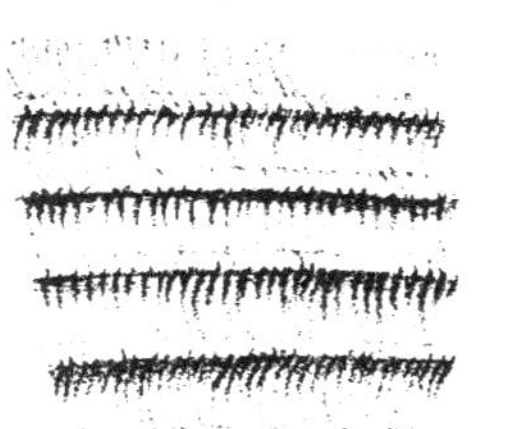

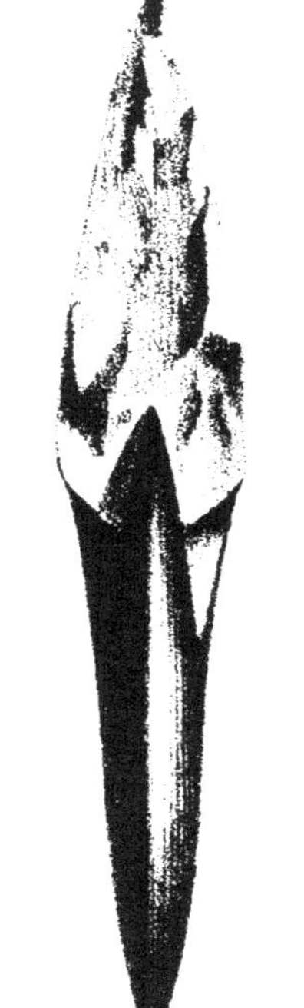

J. Delarue lith.

Imp. Lemercier

Ammonites Engelhardti, d'Orb. L. m.

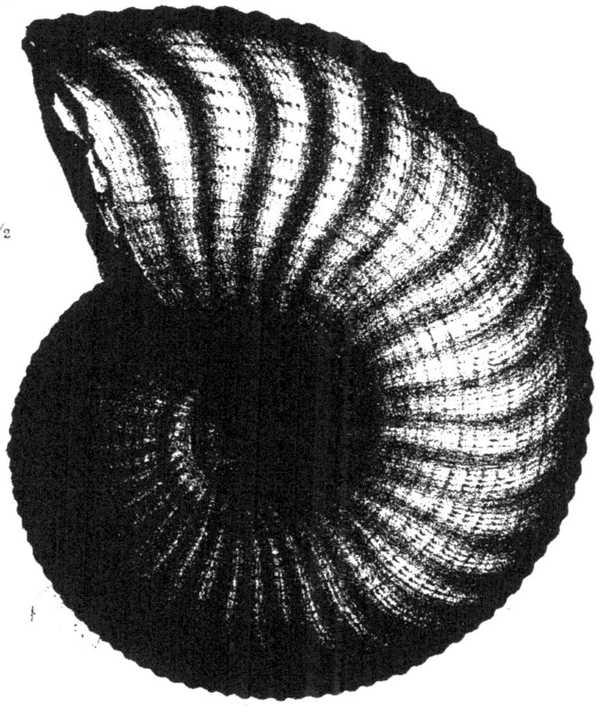

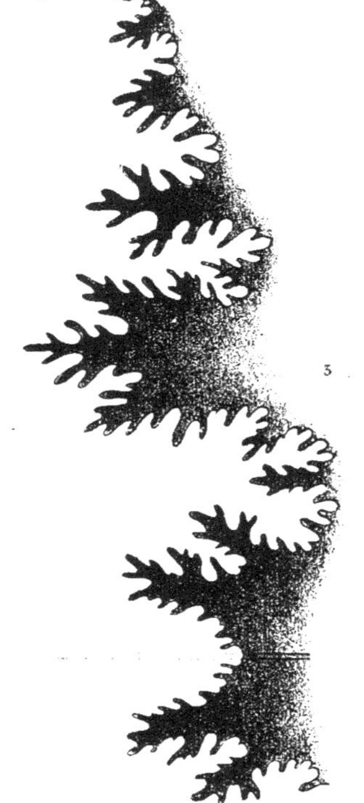

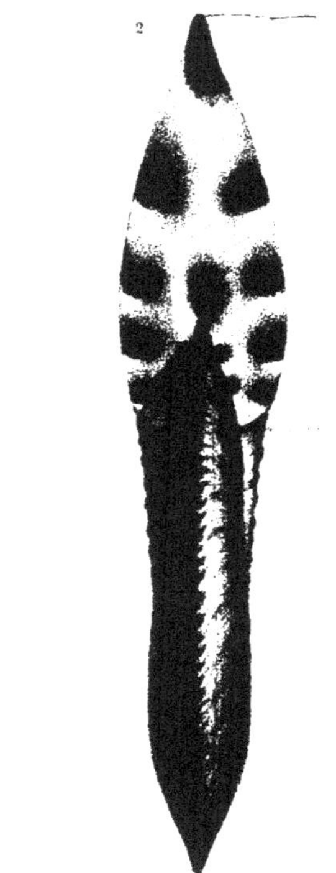

J. Delarue lith. Imp. Lemercier

Ammonites margaritatus, d'Orb. L. m

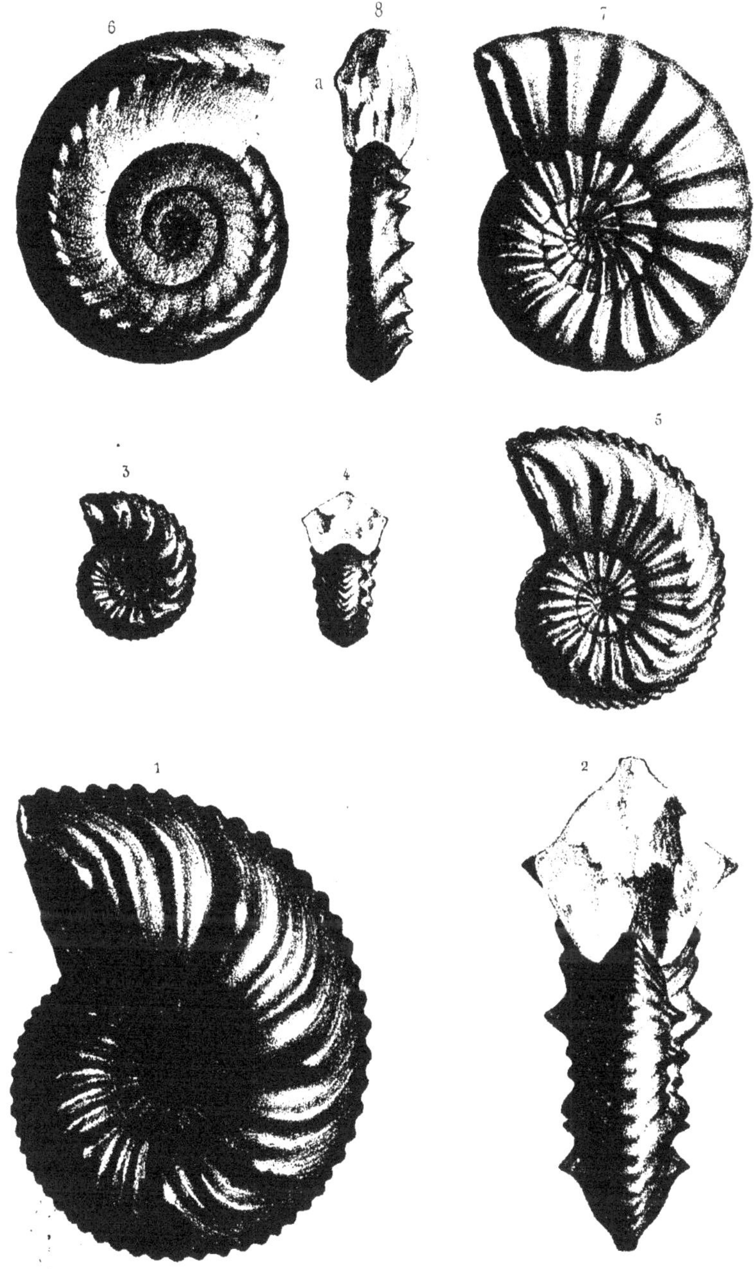

J. Delarue lith. Imp. Lemercier.

Ammonites margaritatus, d'Orb. L. m.

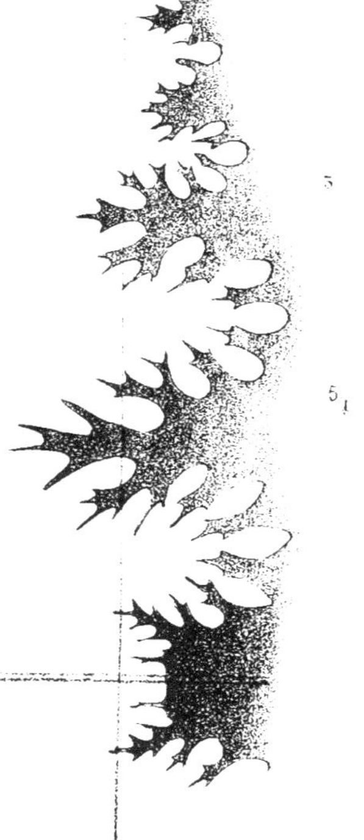

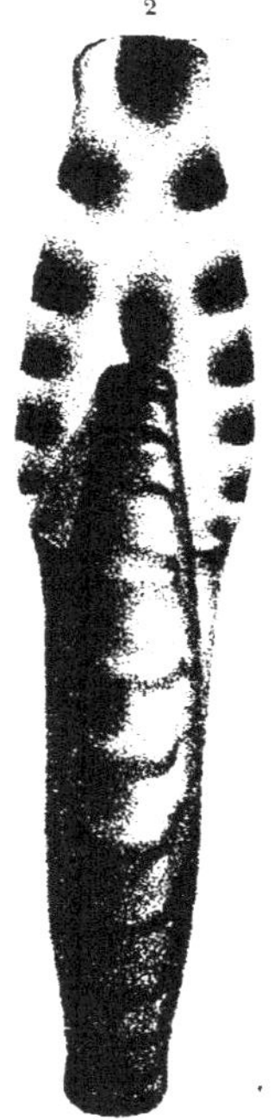

J. Delarue lith.

Ammonites Boblayei d'Orb. L. moy

J. Delarue lith.

Imp. Lemercier

Ammonites Maugenestii, d'Orb. L. moy.

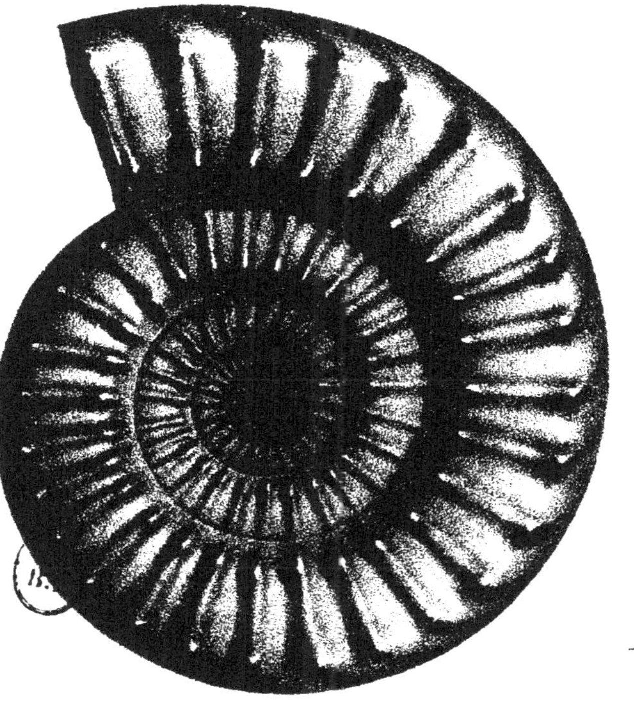

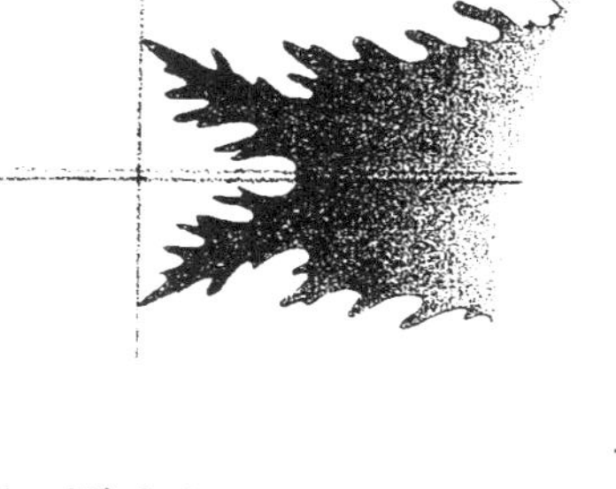

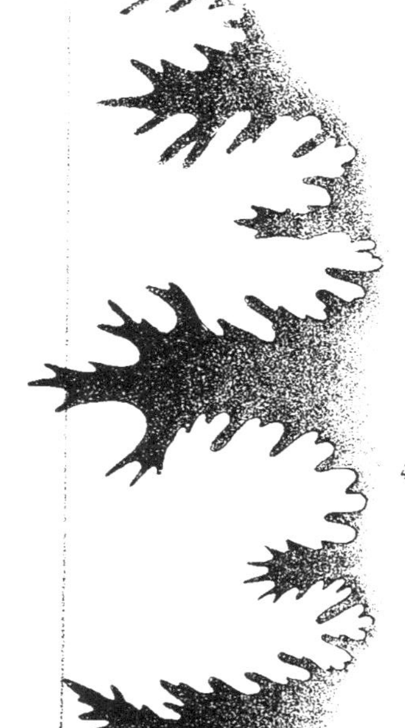

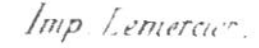

J. Delarue lith.

Imp. Lemercier.

Ammonites Valdani, d'Orb. L. mey.

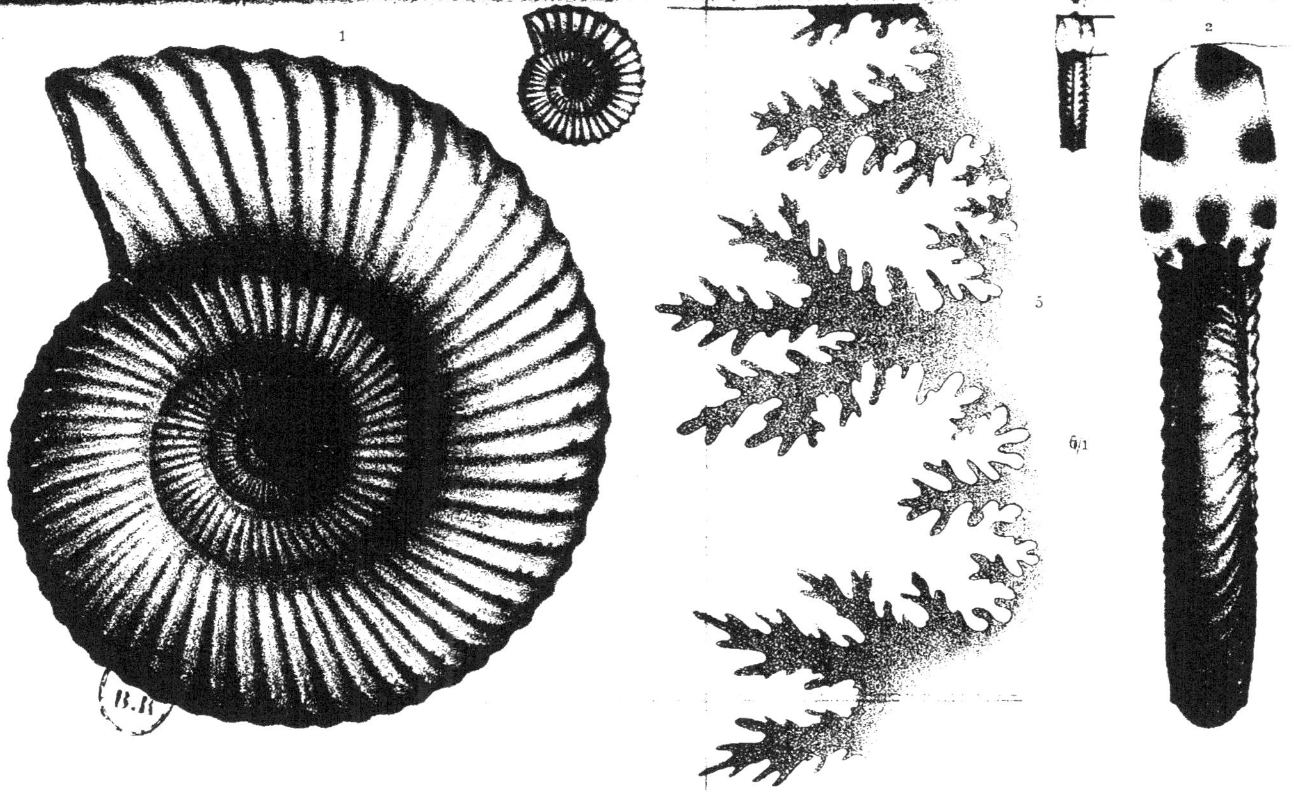

1

2

3

6/1

J. Delarue lith.

Imp. Lemercier

Ammonites Regnardi d'Orb. L. moy.

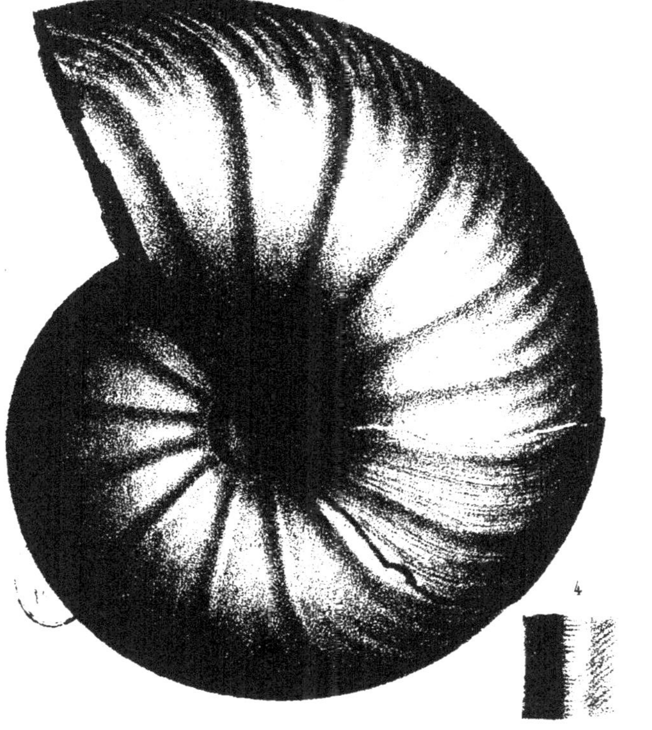

J. Delarue lith.

Imp. Lemercier

Ammonites Guibalianus, d'Orb. I. moy.

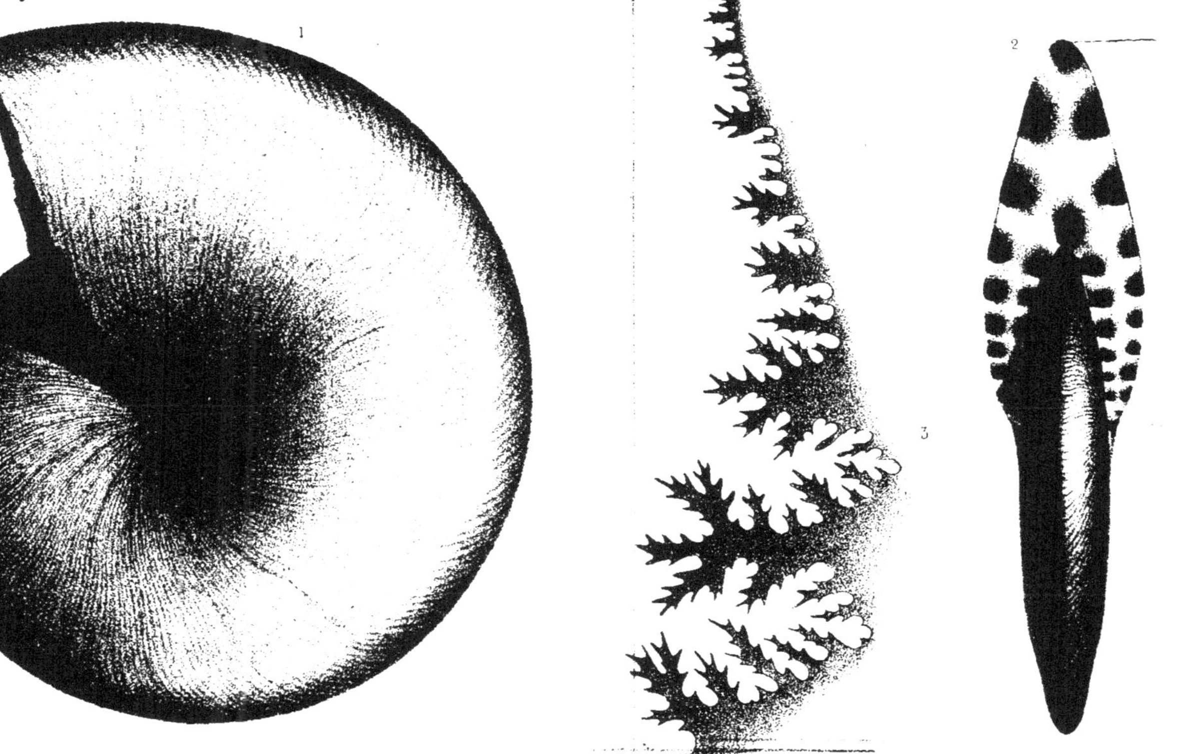

J. Delarue lith.

Imp. Lemercier.

Ammonites Buvignieri, d'Orb. L.

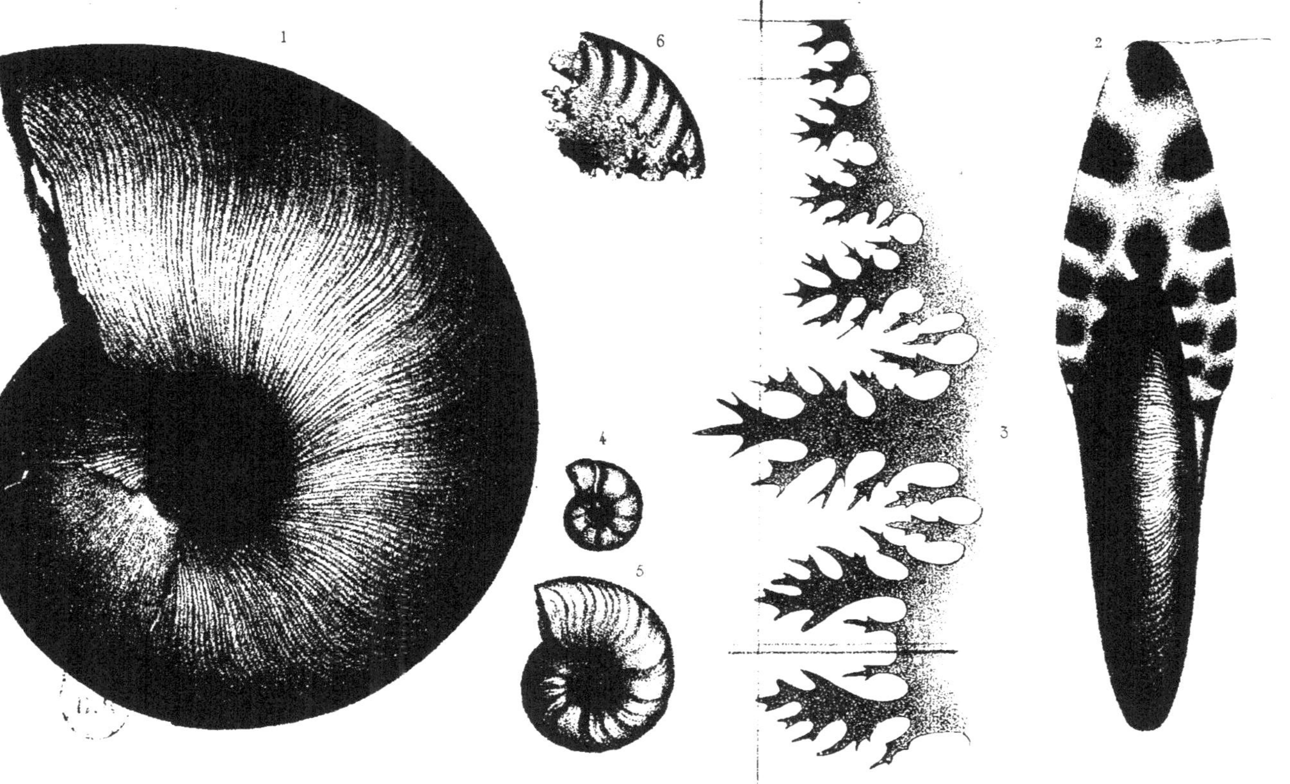

J. Delarue lith.

Imp. Lemercier.

Ammonites Loscombi, Sowerby, L. moy.

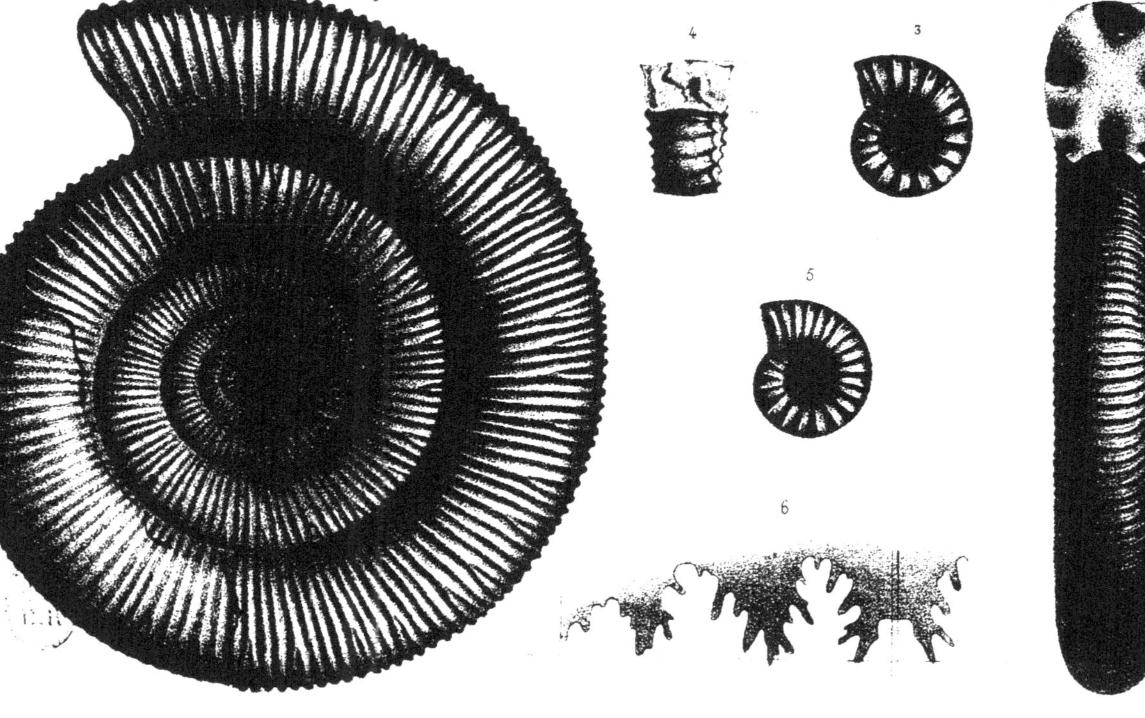

J. Delarue lith. Imp. Lemercier.

1. 2. *Ammonites annulatus*, Sowerby. L. sup.
3. 6. *A. centaurus*, d'Orb. L. moy.

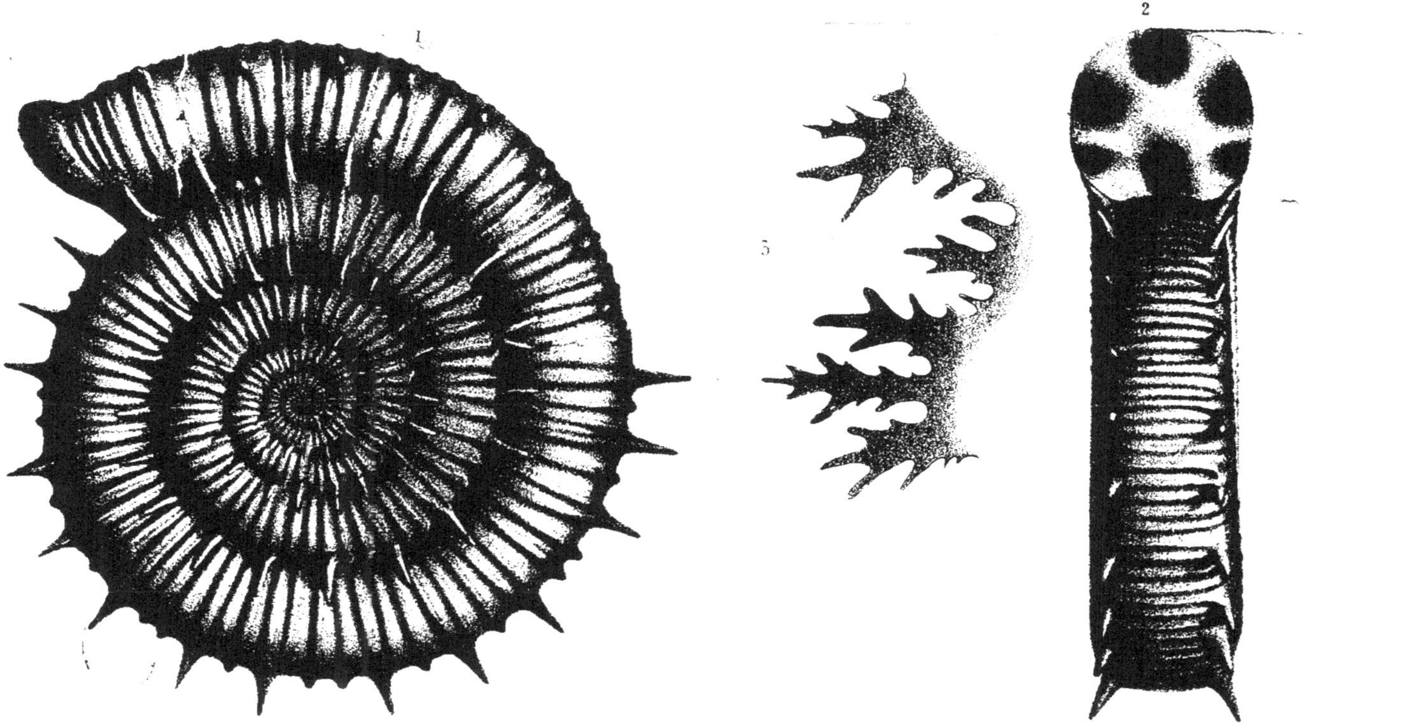

1 2 3

J. Delarue lith.

Imp. Lemercier

Ammonites subarmatus Young. L. moy.

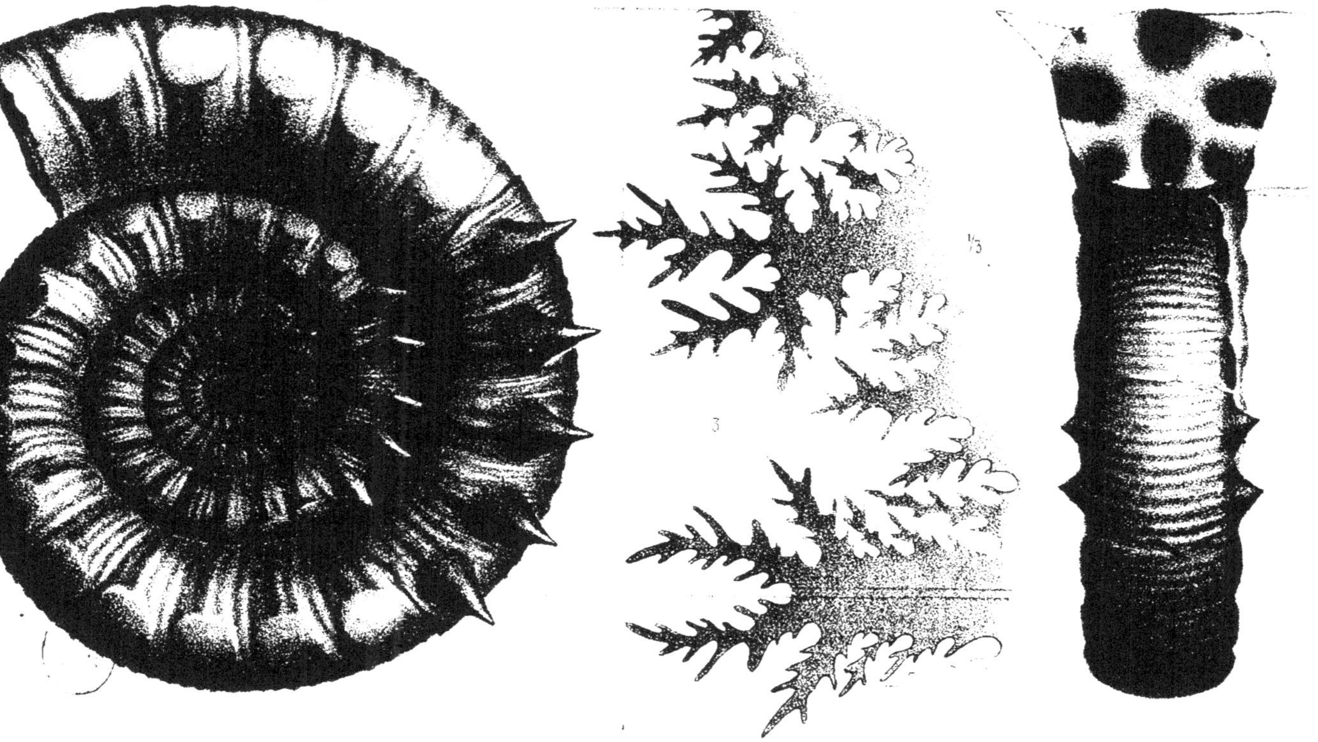

J. Delarue lith

Imp. Lemercier

Ammonites armatus. Sowerby L. moy.

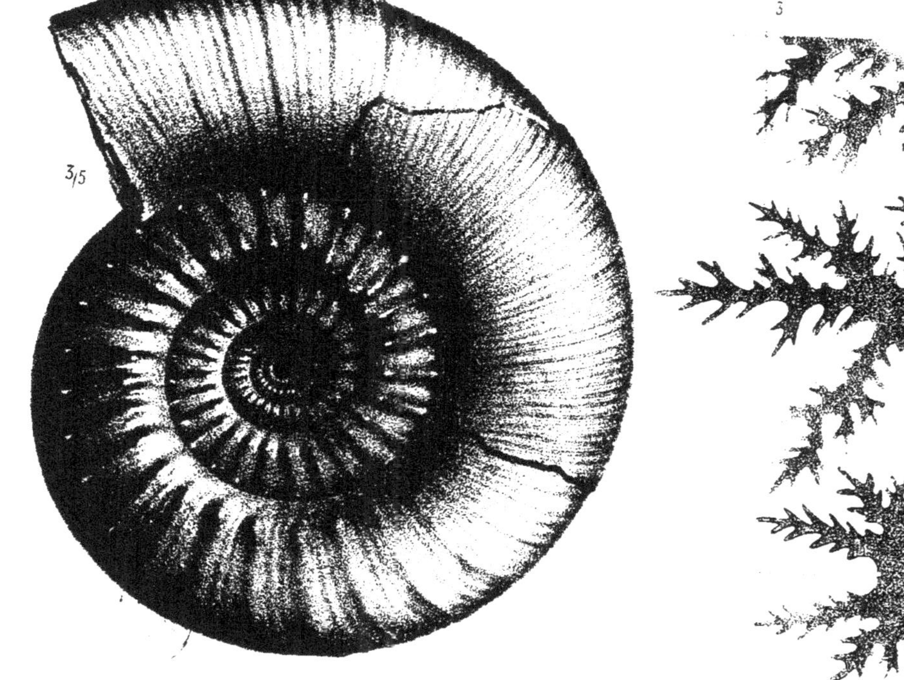

J. Delarue lith

Imp. Lemercier

Ammonites brevispina, Sowerby L. moy.

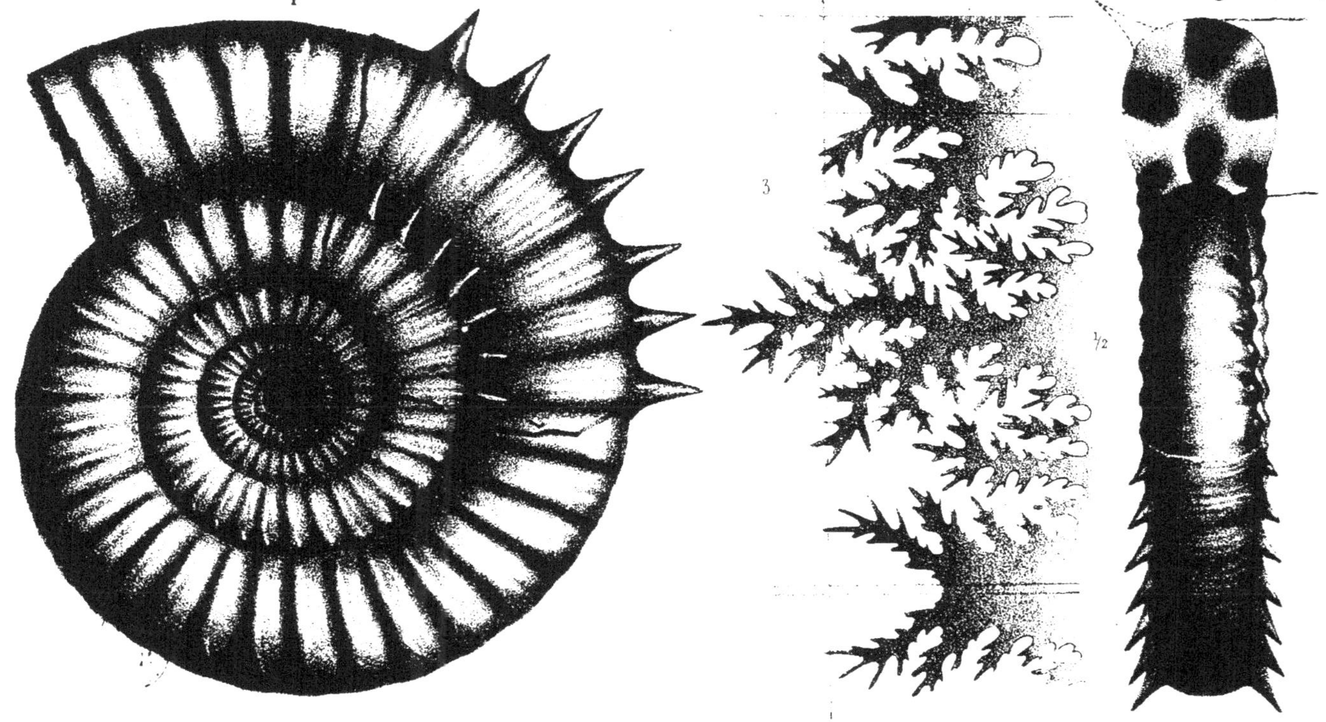

1

3

½

2

J. Delarue lith.

Imp. Lemercier

Ammonites muticus, d'Orb. L. moy.

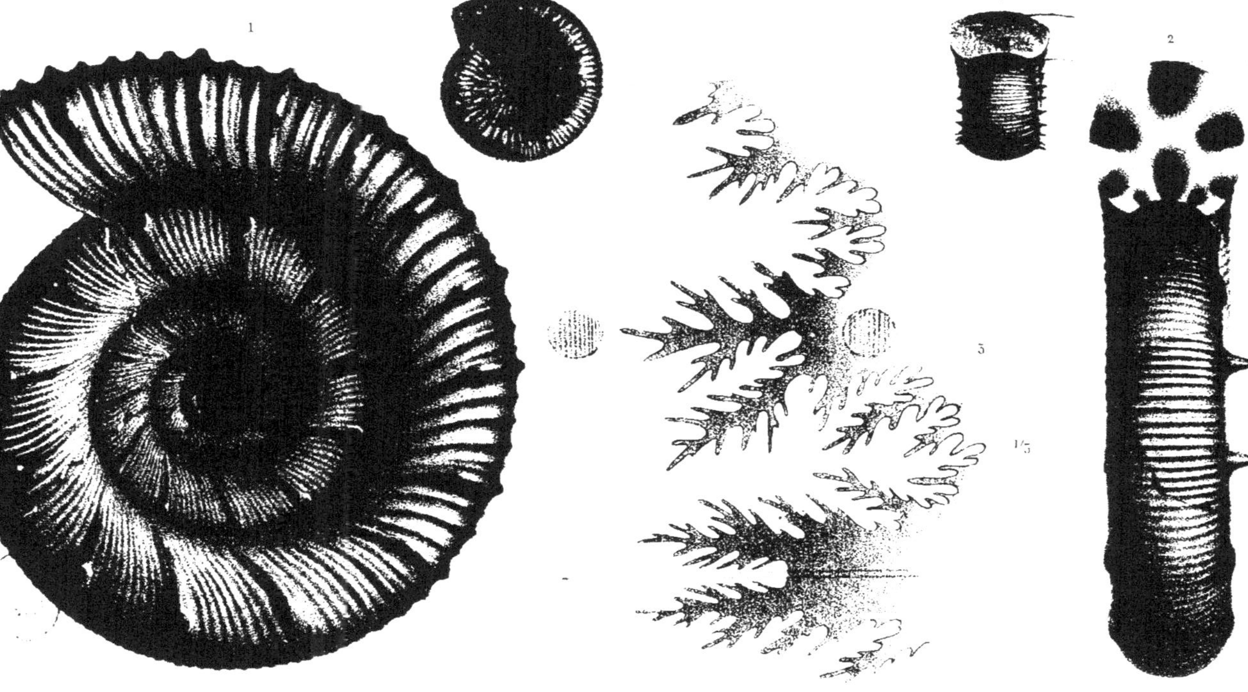

J. Delarue lith.

Imp. Lemercier

Ammonites Davœi, Sowerby. L. moy.

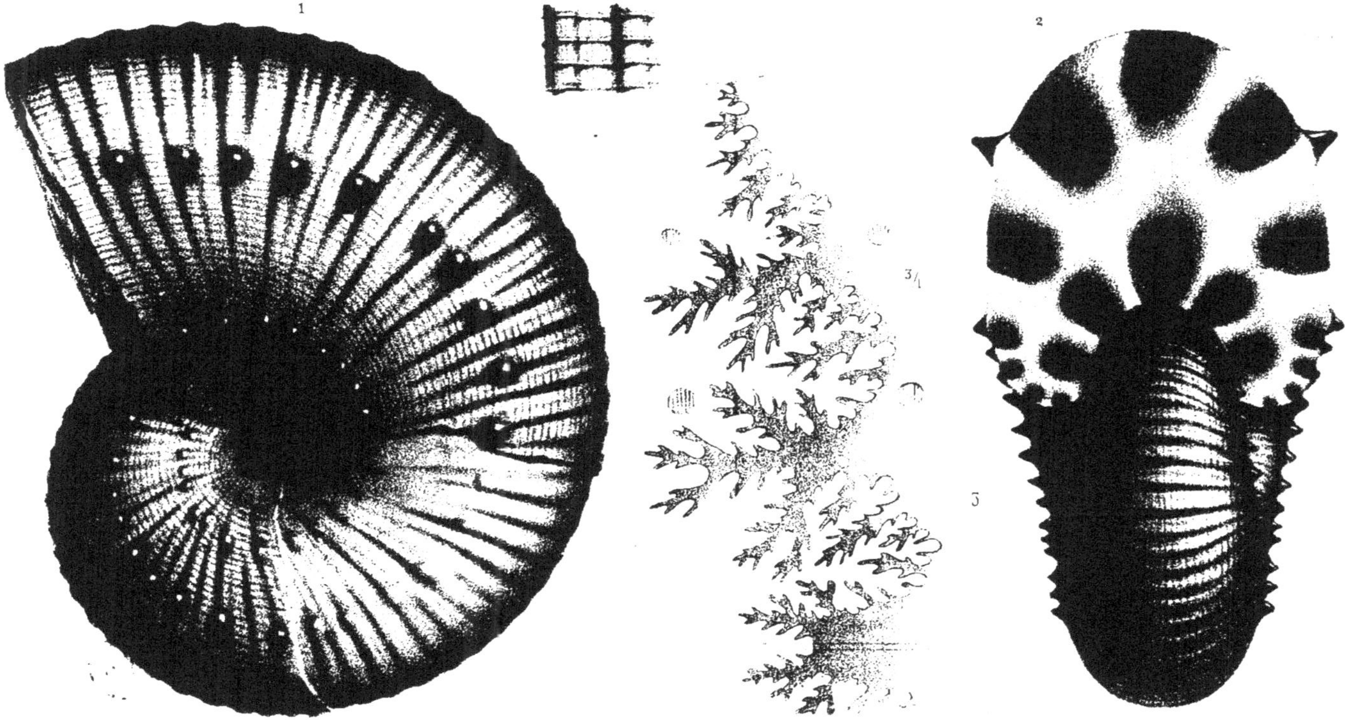

1

2

3/4

5

J. Delarue lith.

Ammonites Bechei, Sowerby L. moy.

J. Delarue lith.

Imp. Lemercier

Ammonites Henleyi, Sowerby. L. moy.

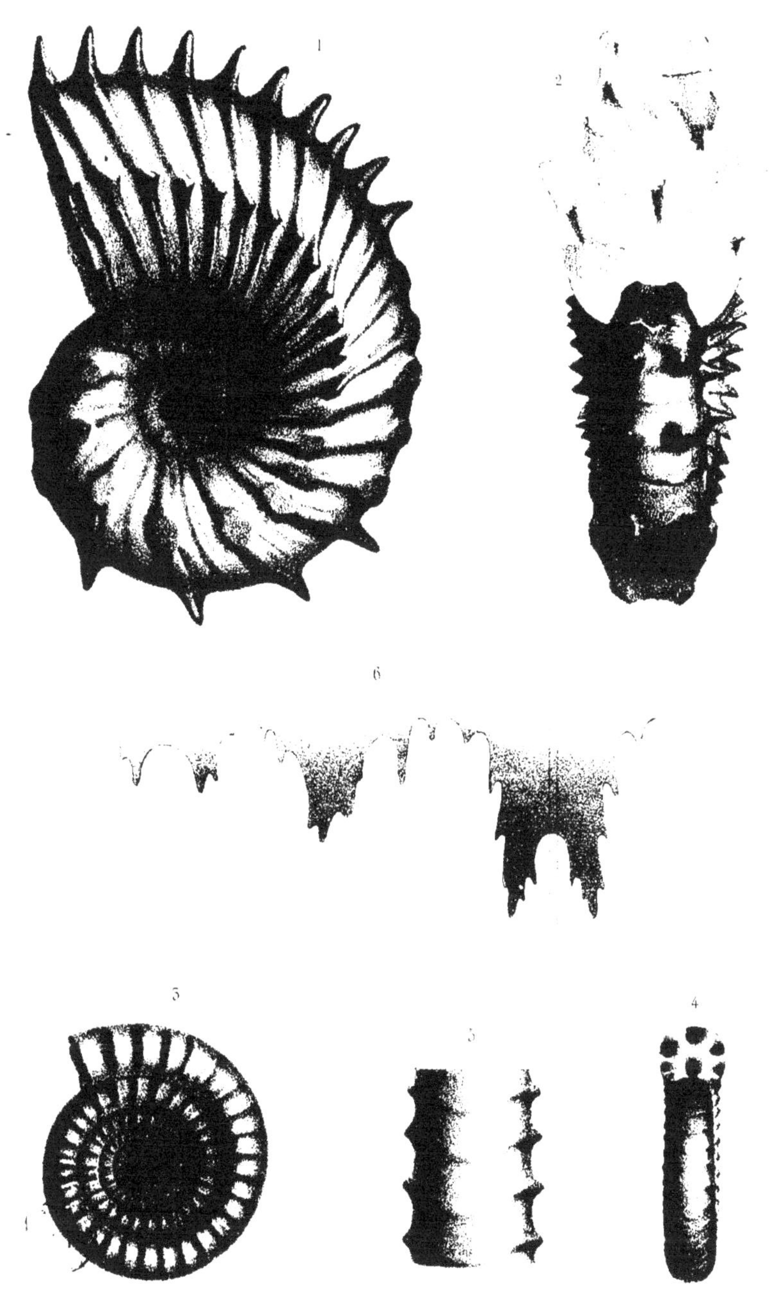

J. Delarue lith. Imp. Lemercier

1.2. Ammonites lamellosus, d'Orb. L. moy.
3.6. A. carusensis, d'Orb. L. inf.

J. Delarue lith. Imp. Lemercier

Ammonites hybrida, d'Orb. L mag.

1 2

1/3 2/1 3

J. Delarue lith. Imp. Lemercier

Ammonites Burchii, Sow. L. inf.

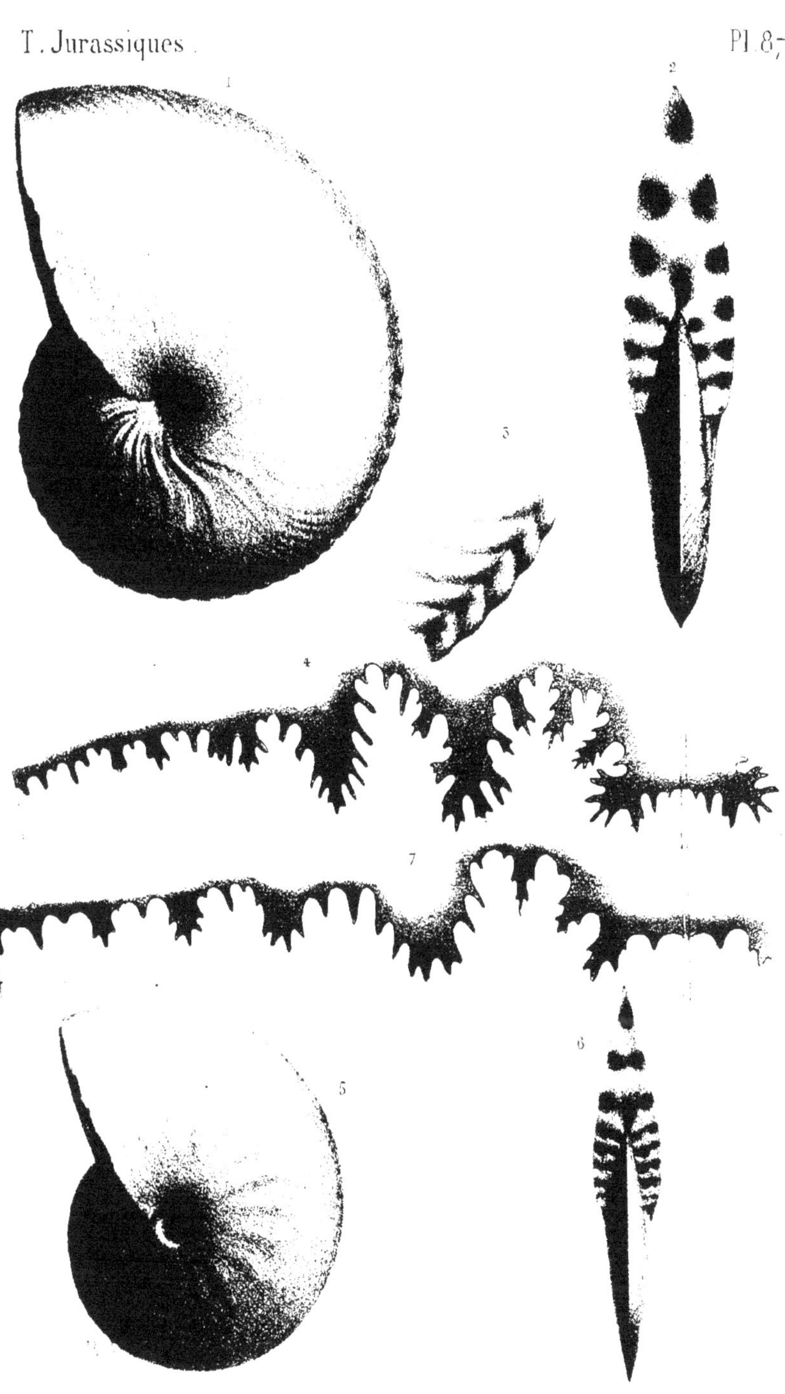

elarue lith. Imp. Lemercier

1.4. Ammonites Lynx d'Orb. L. moy.
5.7. A. Coynarti d'Orb. L. moy.

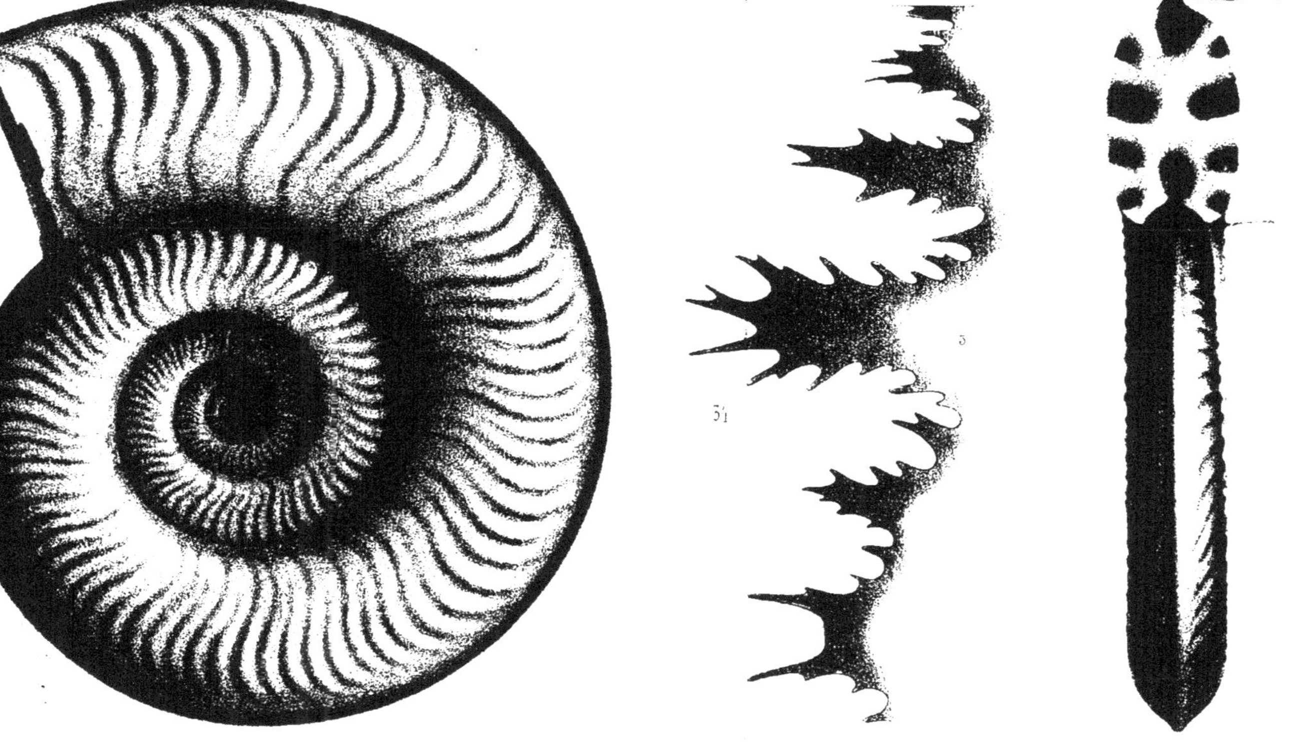

J. Delarue lith.

Ammonites normanianus, d'Orb. L. moy.

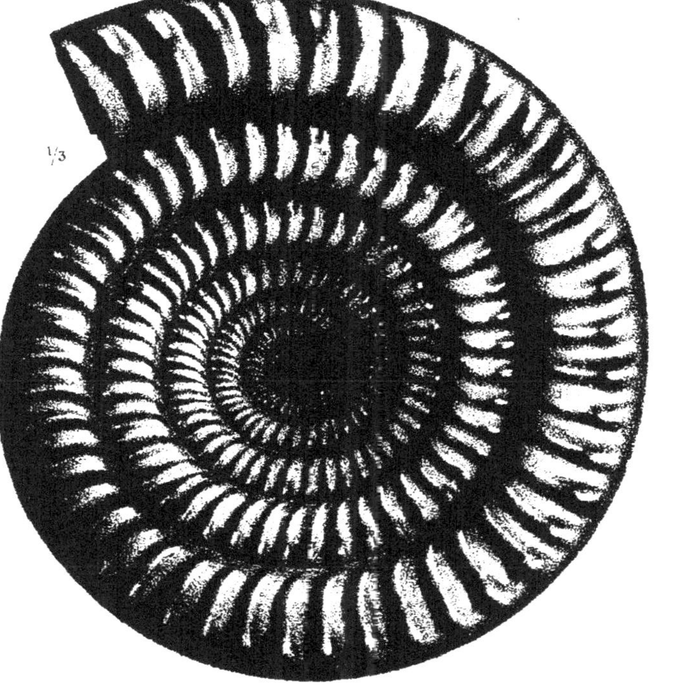

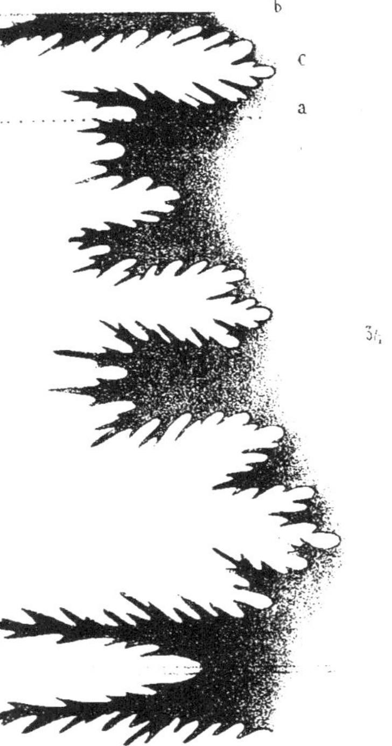

J. Delarue lith.

Ammonites rotiformis, Sow. L. inf.

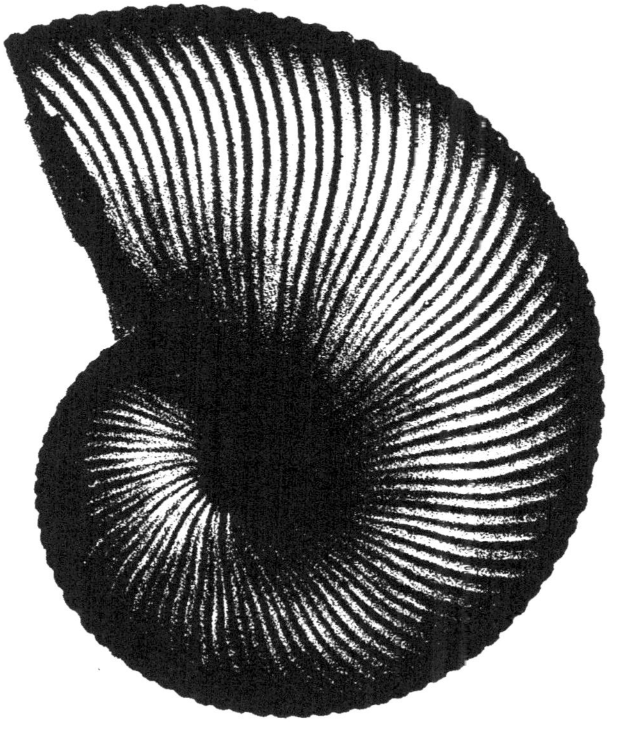

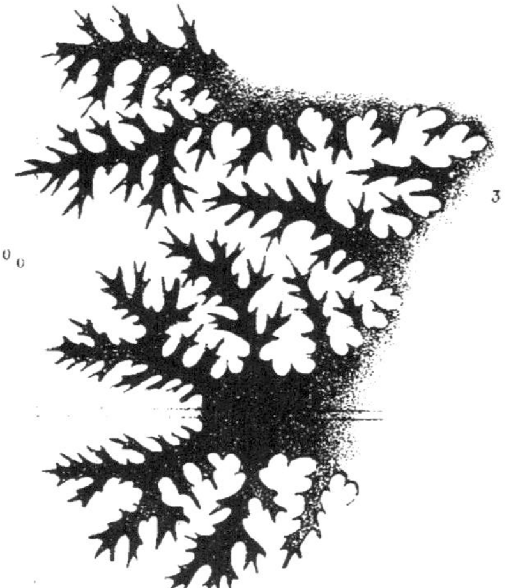

2

J. Delarue lith

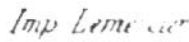
Imp. Lemercier

Ammonites Boucaultianus, d'Orb. L. inf.

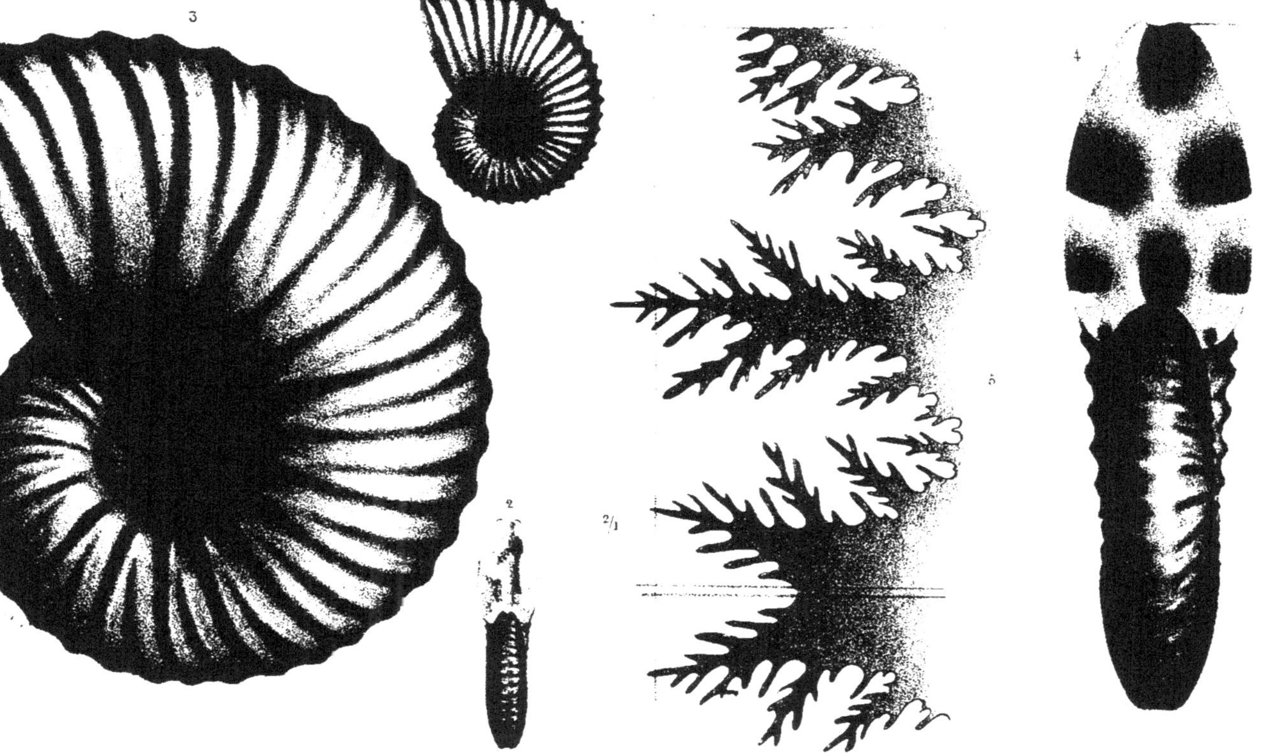

J. Delarue lith

Imp. Lemercier.

Ammonites Charmassei, d'Orb. L. inf.

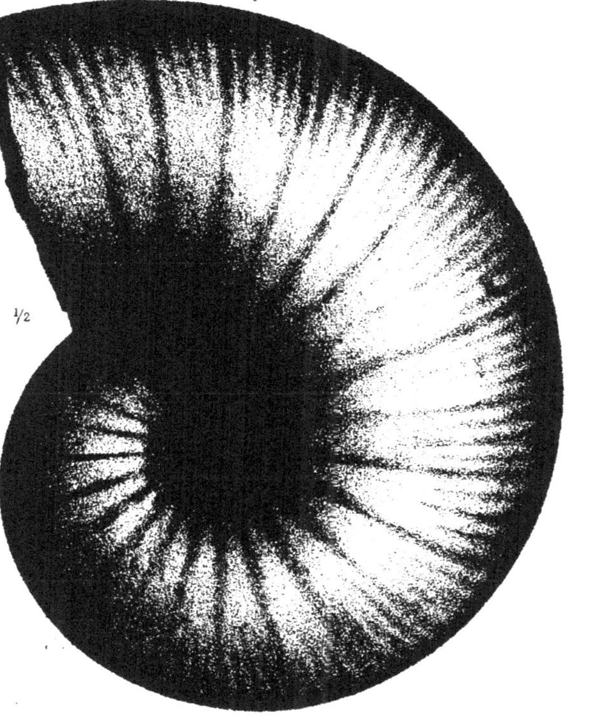

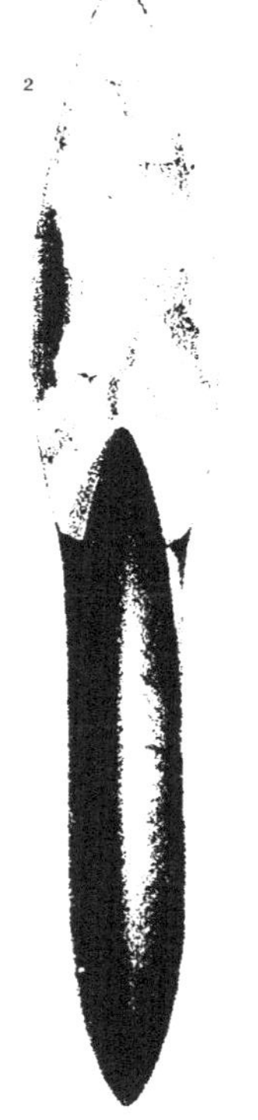

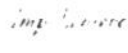

J. Delarue lith.

1.2. Ammonites Charmassei, d'Orb. L. inf.
3.4. A. Laigneletii, d'Orb. L. inf.

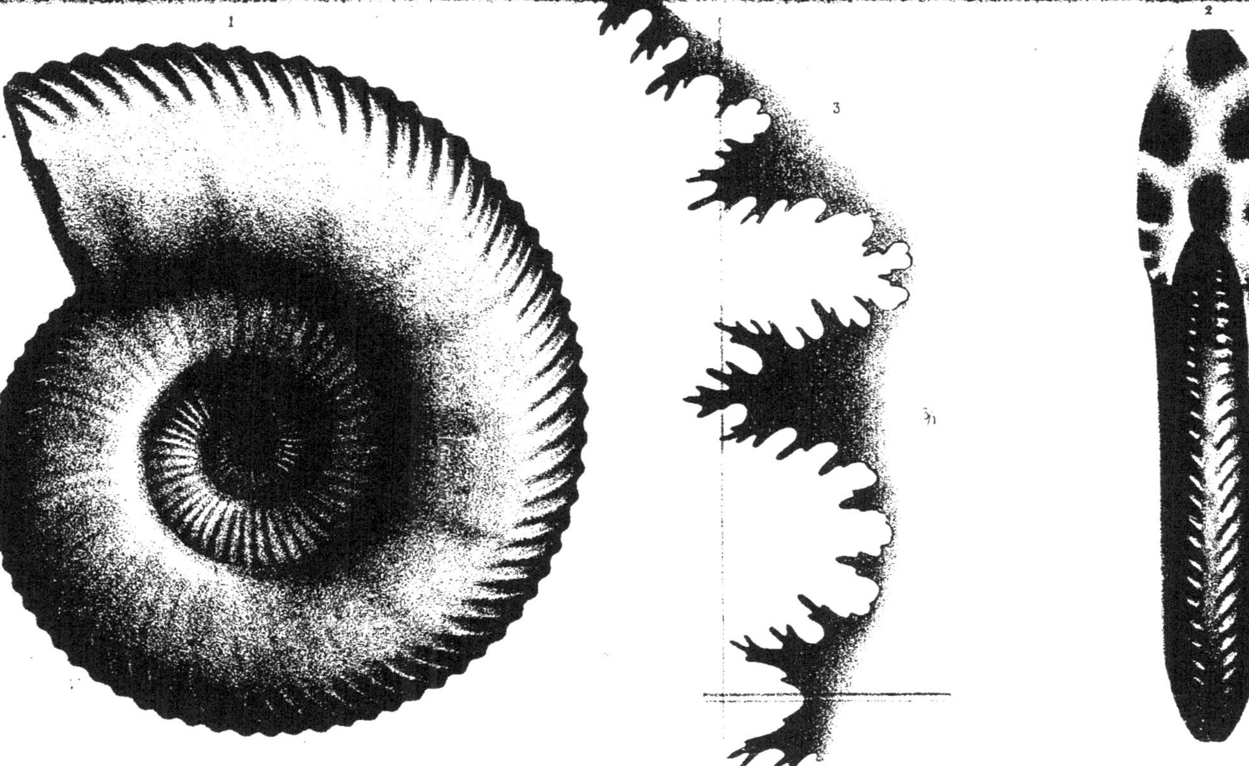

J. Delarue lith.

Imp. Lemercier

Ammonites Moreanus, d'Orb. I. inf.

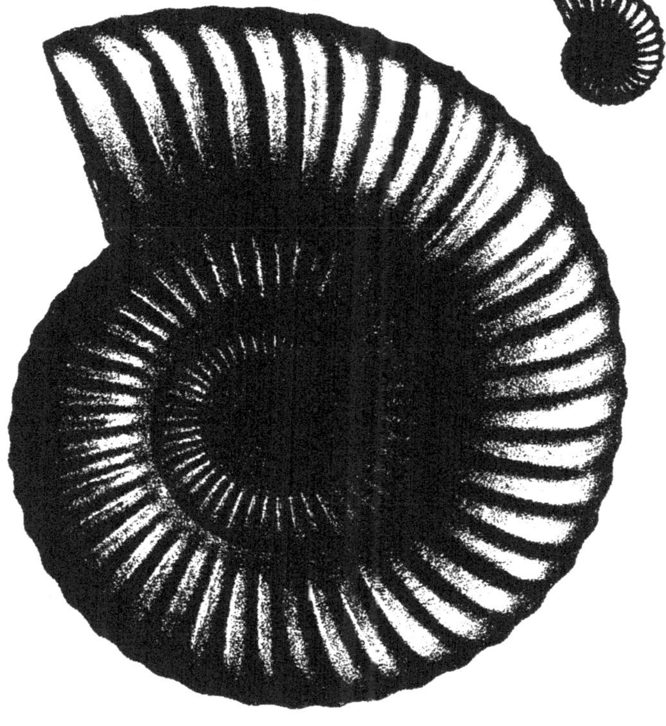

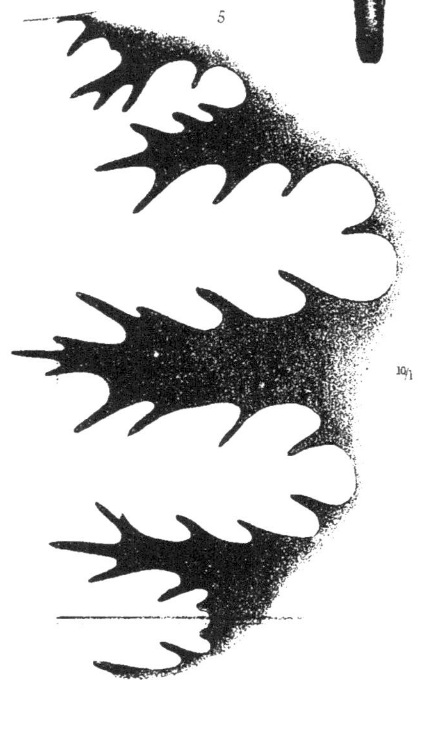

J. Delarue lith.

Imp. Lemercier

Ammonites catenatus Delabêche L. inf.

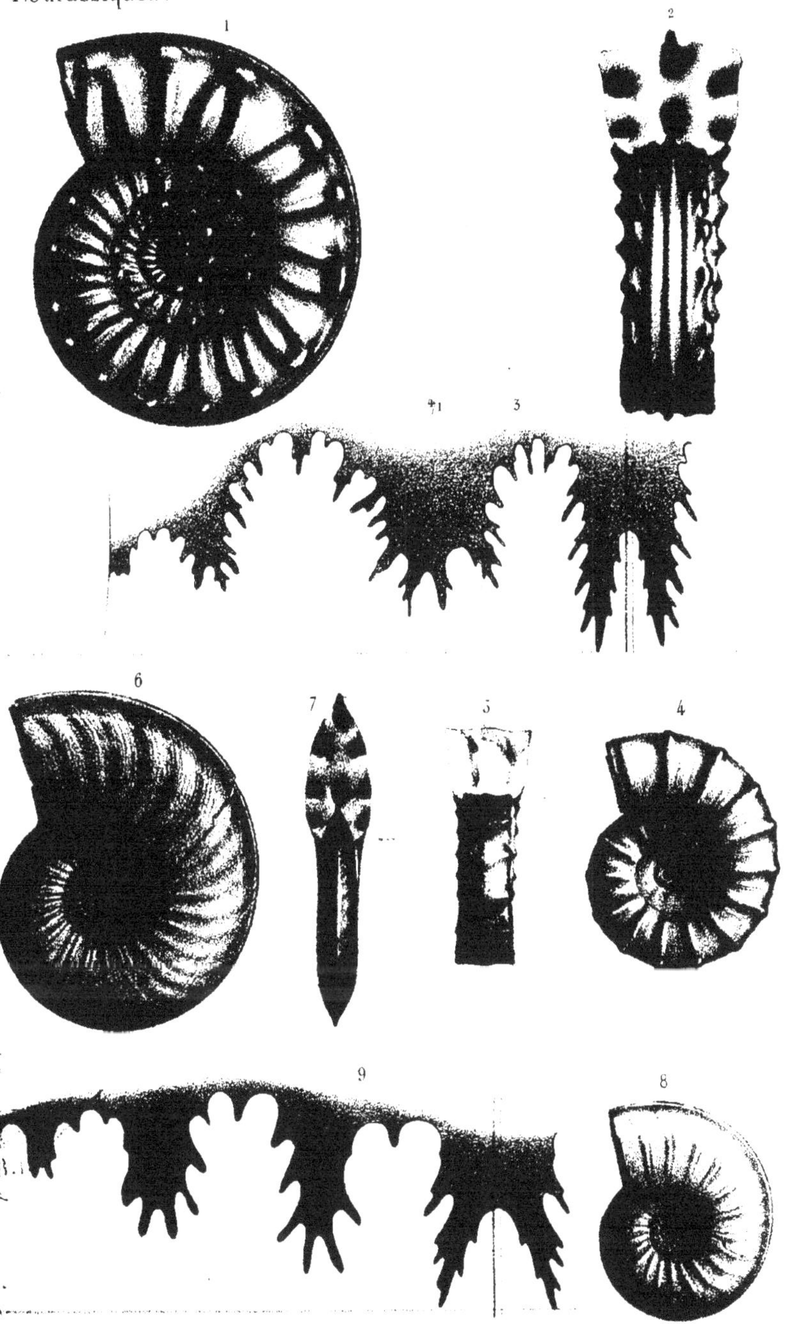

Delarue lith. Imp. Lemercier

1,3. Ammonites sinemuriensis, d'Orb. L. inf.
4.5. A. ——— Sauzeanus, d'Orb. L. inf.
6.9. A. ——— Collenotii, d'Orb. L. inf.

1

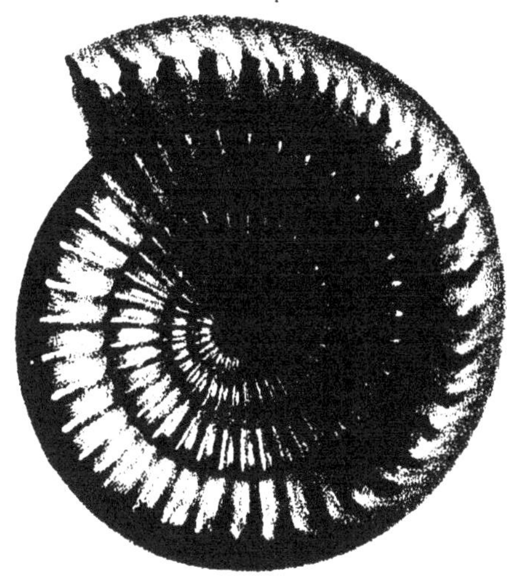

2

6

5

4

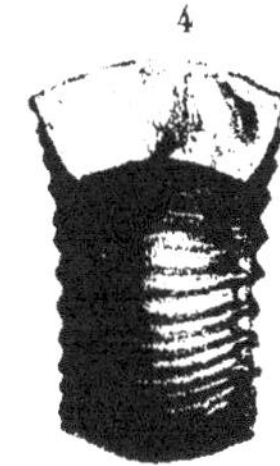

3

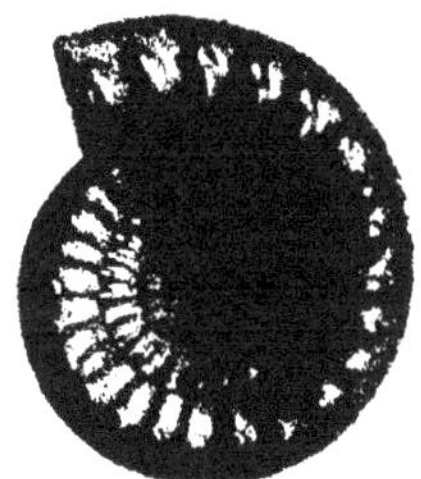

5

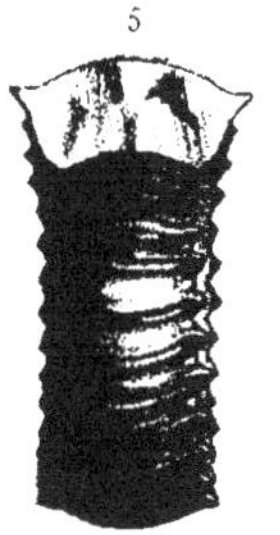

Delarue lith. Imp. Lemercier.

Ammonites Grenouillouxi, d'Orb. L. moy.

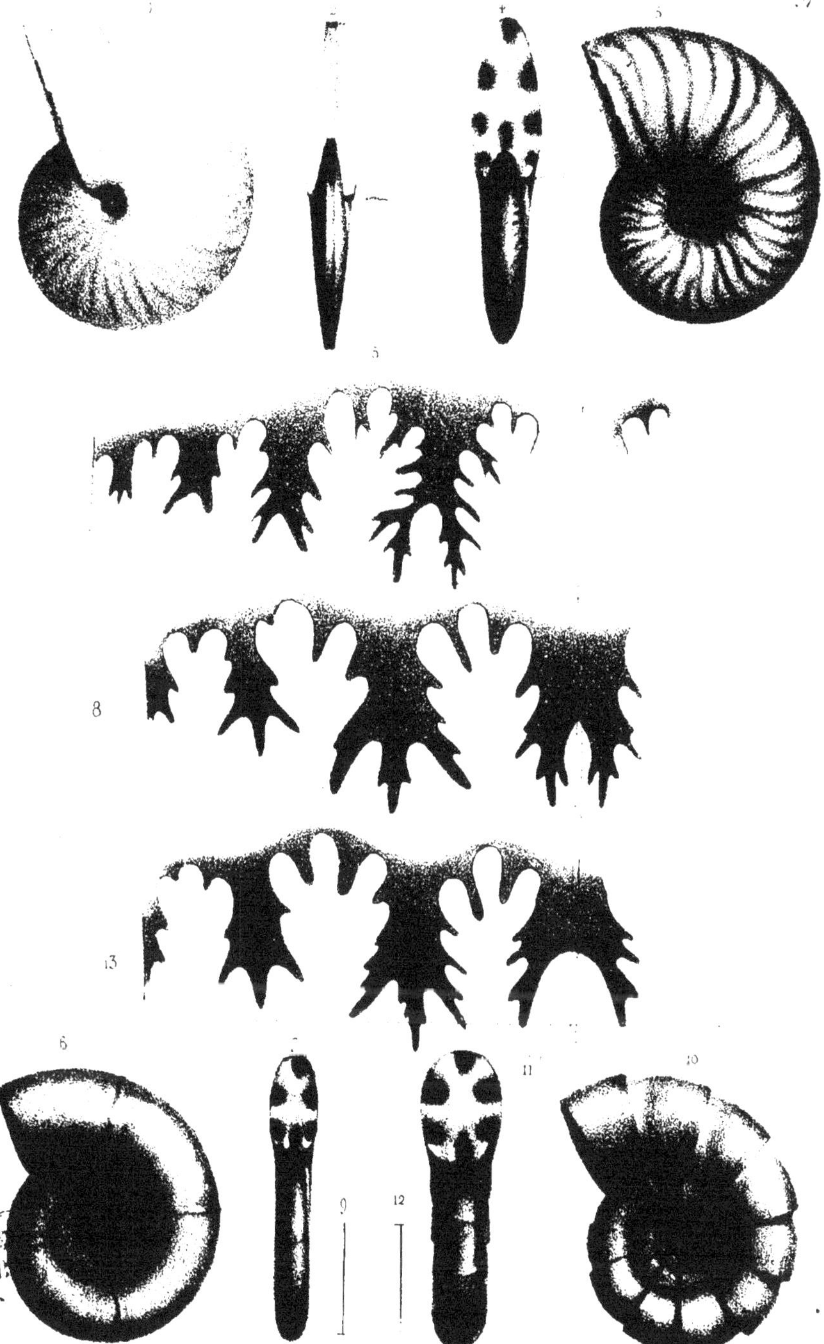

J. Delarue lith.　　　　Imp. Lemercier

1. 2. Ammonites Sismonda, d'Orb. L. inf.
3. 5. A. —— Boucaultianus, d'Orb. L. inf.
6. 9. A. —— Philipsi, Sow. L. inf.
10. 13. A. —— articulatus, Sow. L. inf.

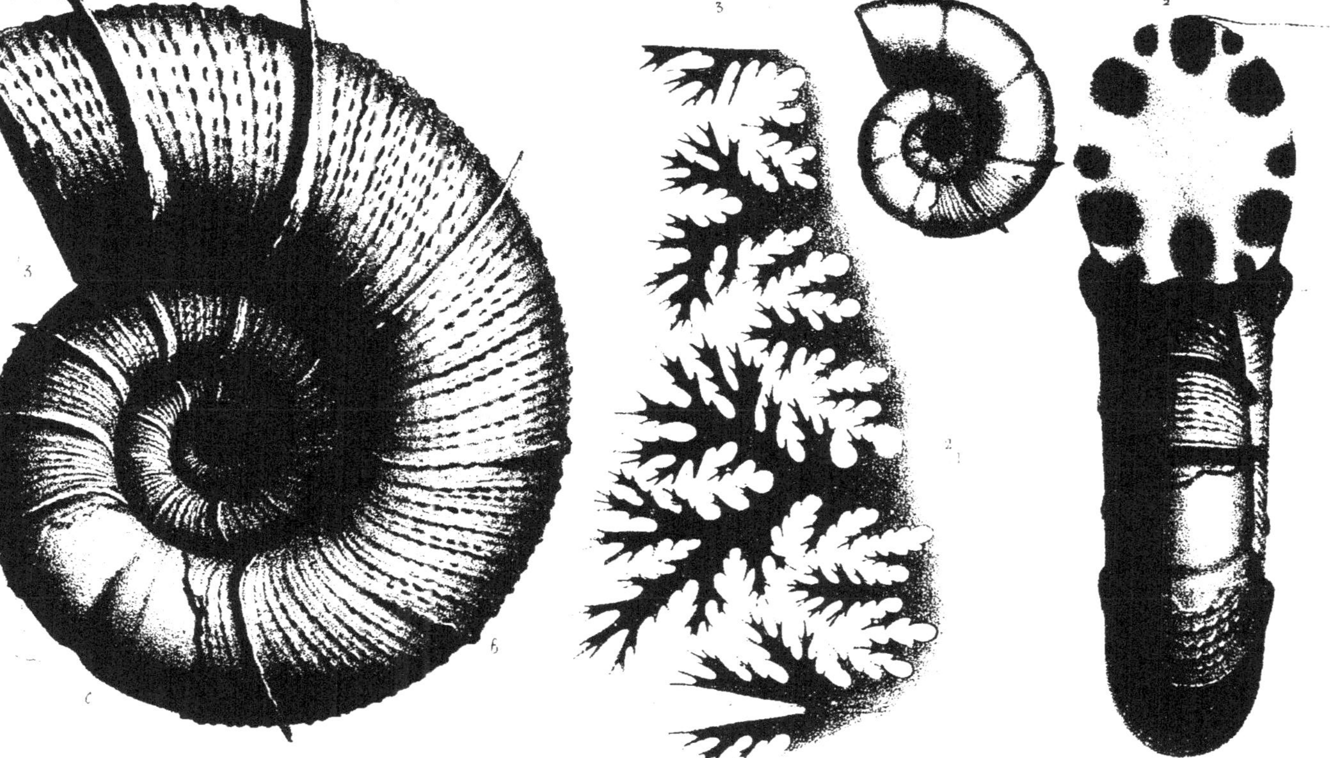

J. Delarue lith

Imp. Lemercier

Ammonites fimbriatus, Sowerby 1. moy.

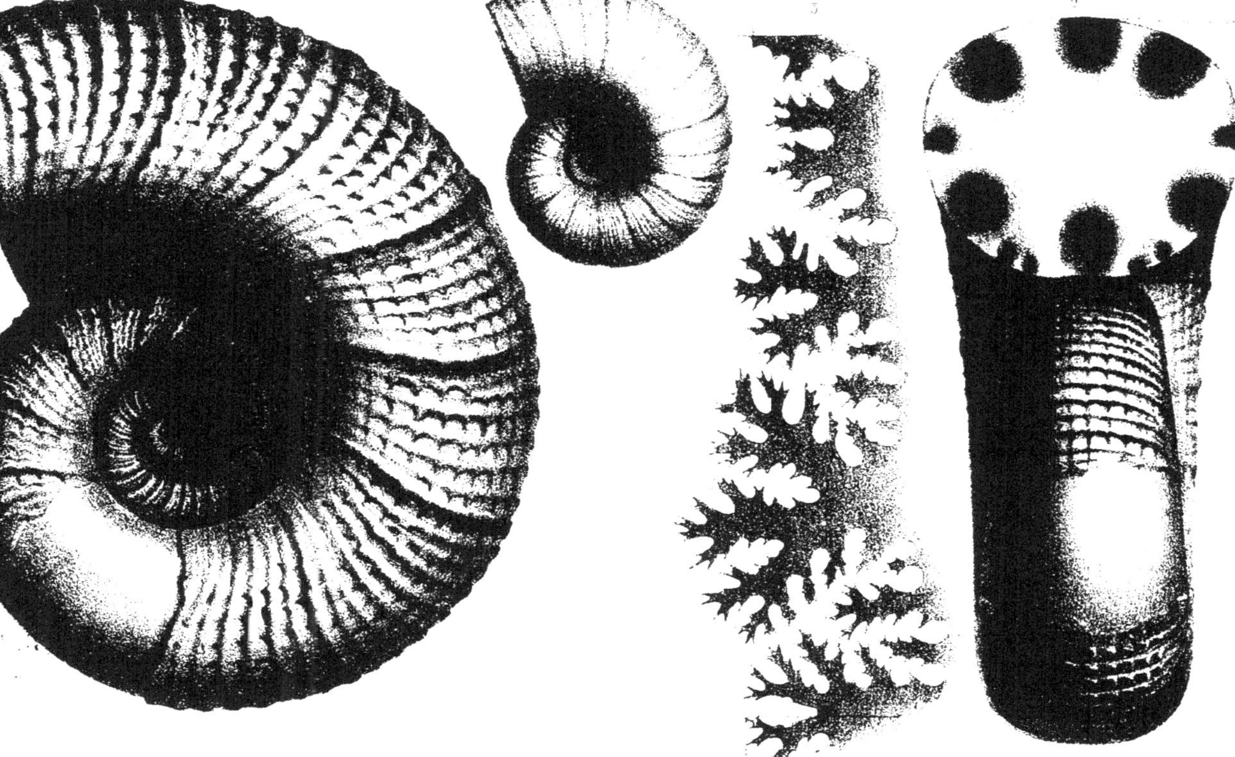

Ammonites cornucopia, Young. L. sup.

J. Delarue lith.

Imp. Lemercier.

Ammonites jurensis, Zieten. L. sup.

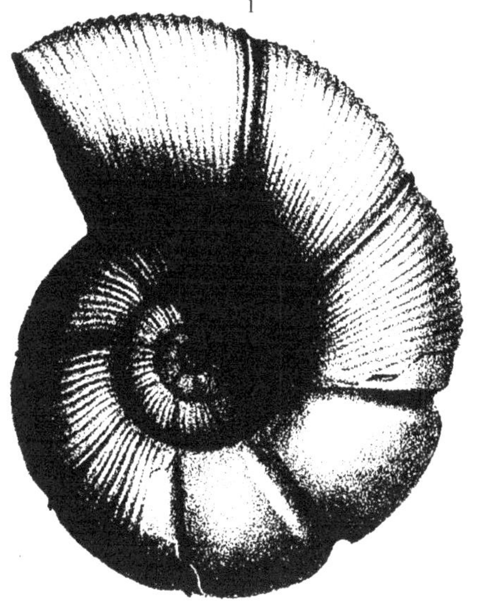

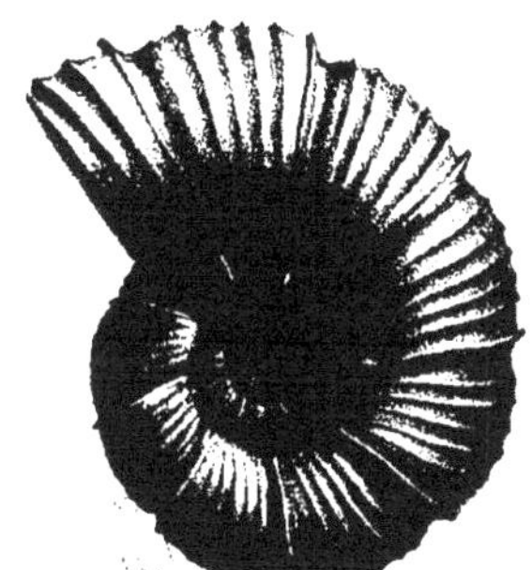

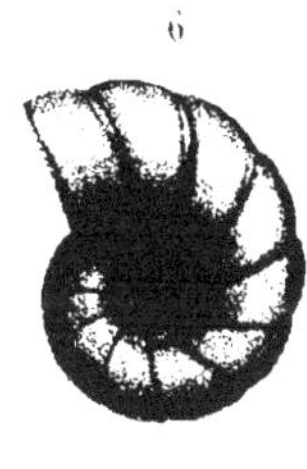

J. Delarue lith. Imp. Lemercier.

Ammonites Germanii, d'Orb. L. Sup.

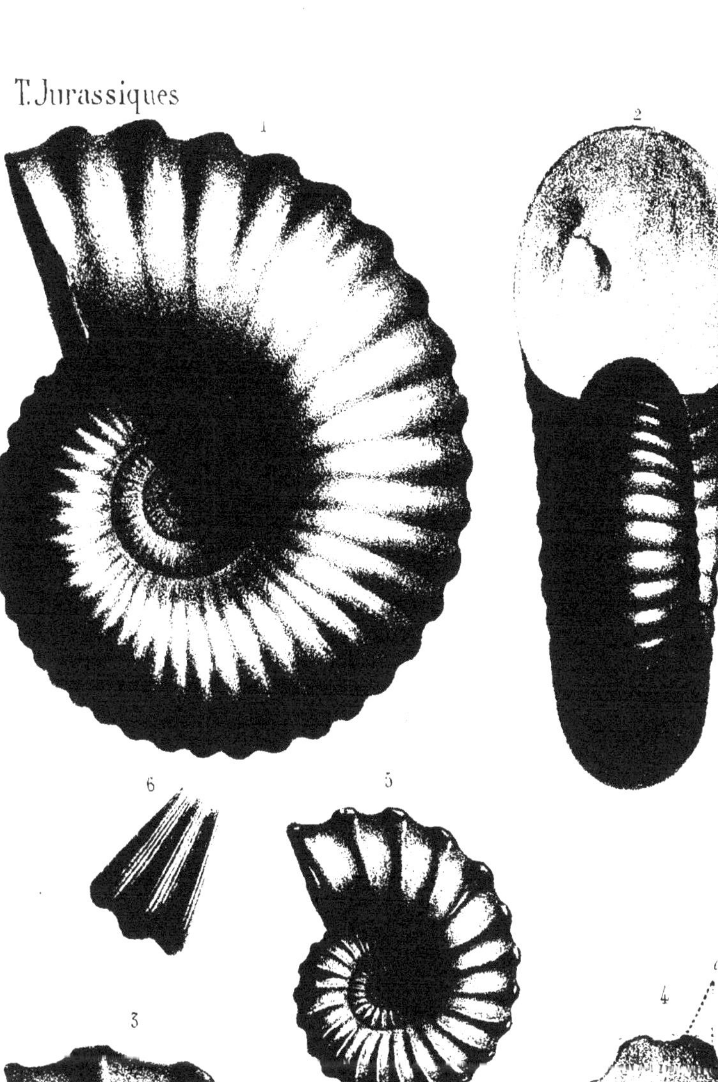

J. Delarue lith. Imp. Lemercier

1. 2. Ammonites torulosus, Schubler. L. Sup.
3. 4. A_______ Taylori, Sow. L. Sup.

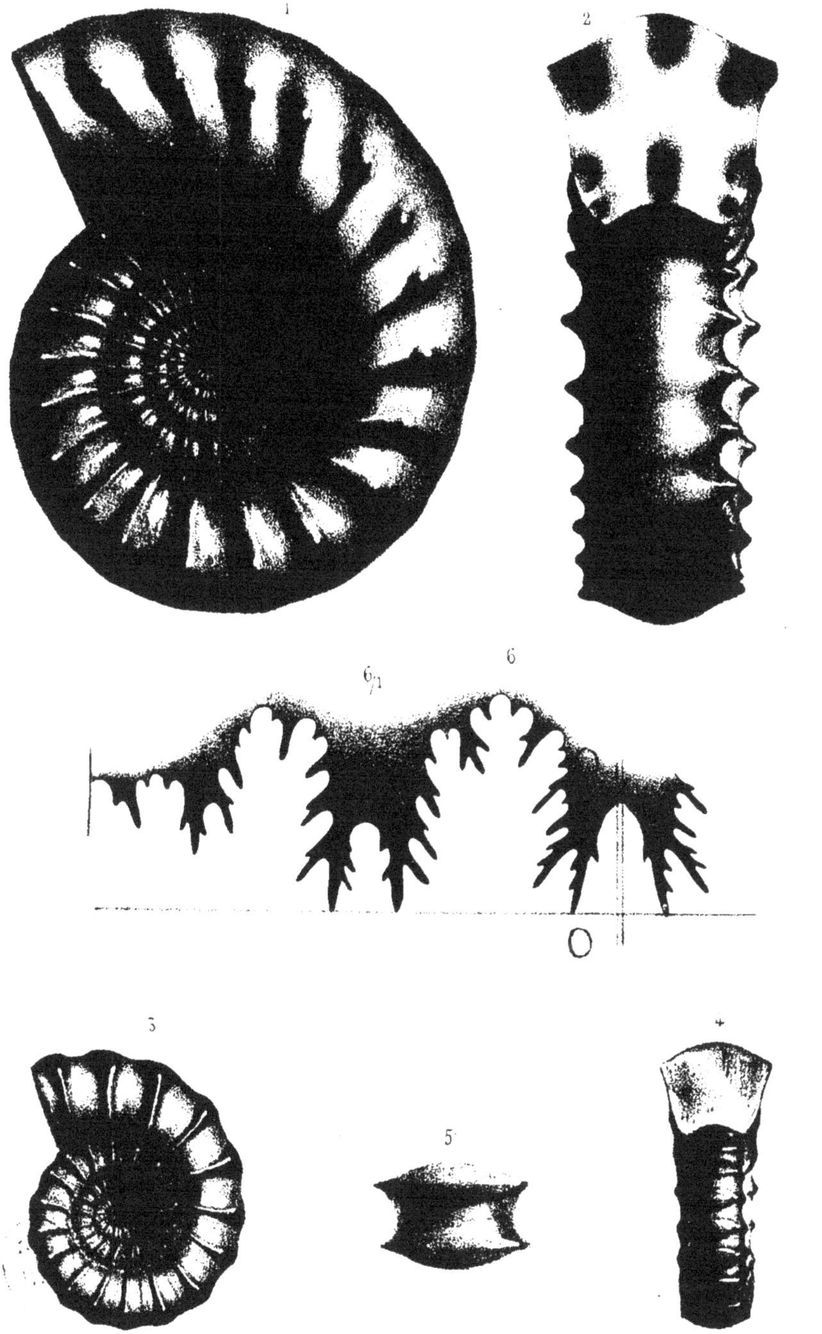

1

2

6/1 6

O

3

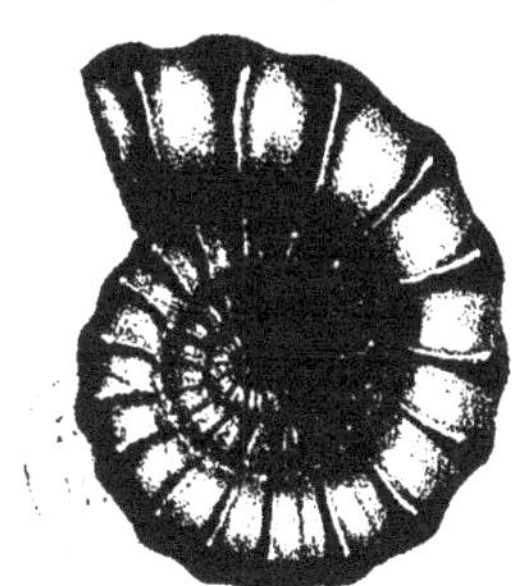

5

4

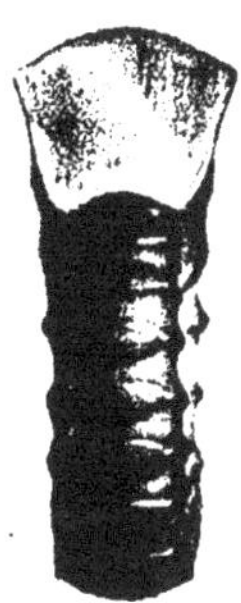

J. Delarue lith. Imp. Lemercier.

Ammonites Dudressieri. d'Orb. L. Sup.

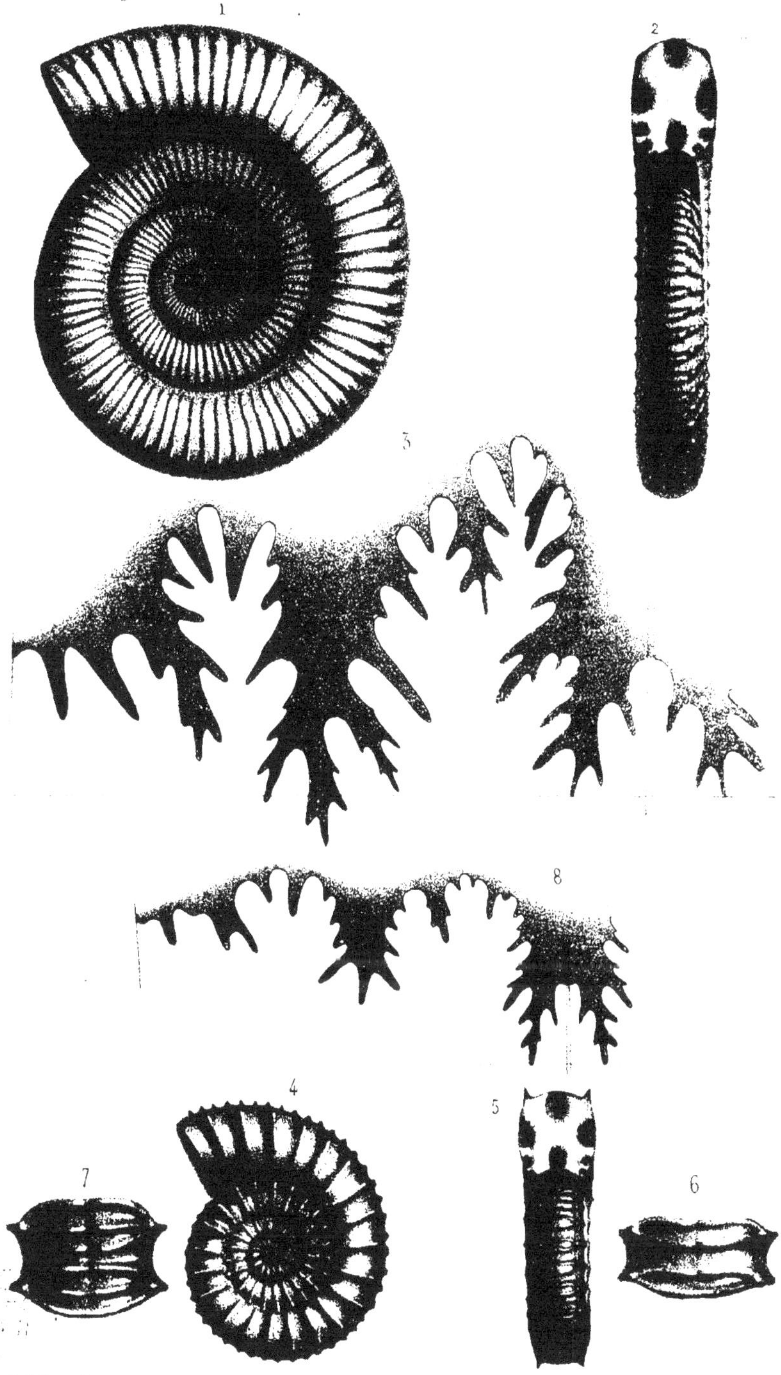

J. Delarue lith. Imp. Lemercier

1. 3. Ammonites Brauniames, d'Orb. L. Sup.
4. 8. A ——— mucronatus, d'Orb. L. Sup.

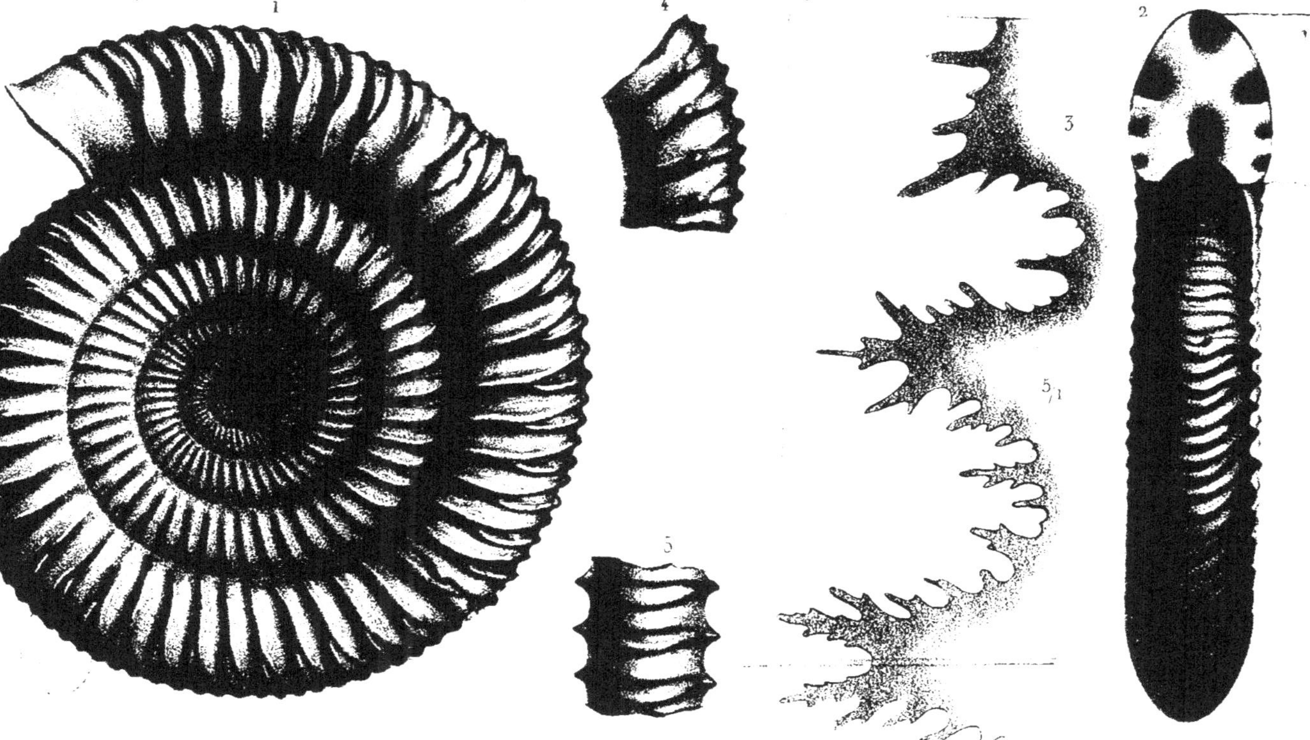

Ammonites Holandrei, d'Orb. L. sup.

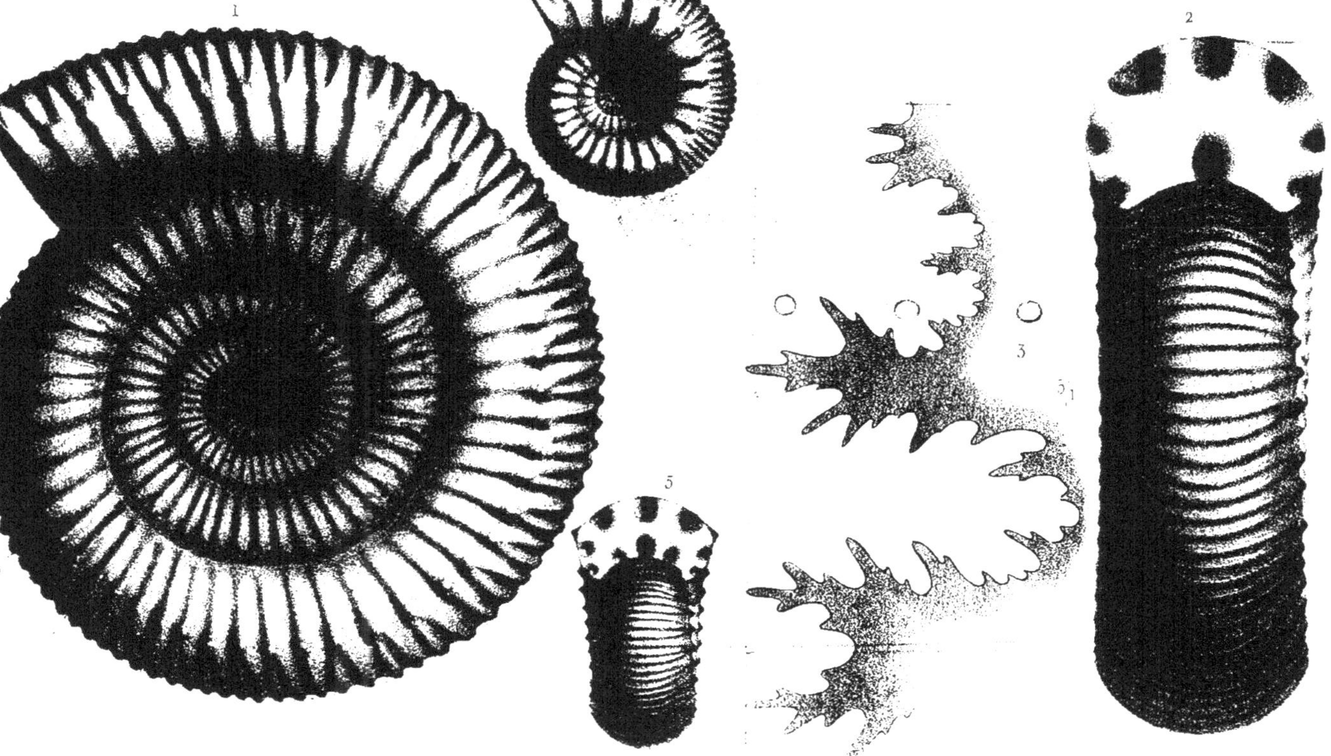

Ammonites Raquinianus, d'Orb. I. sup.

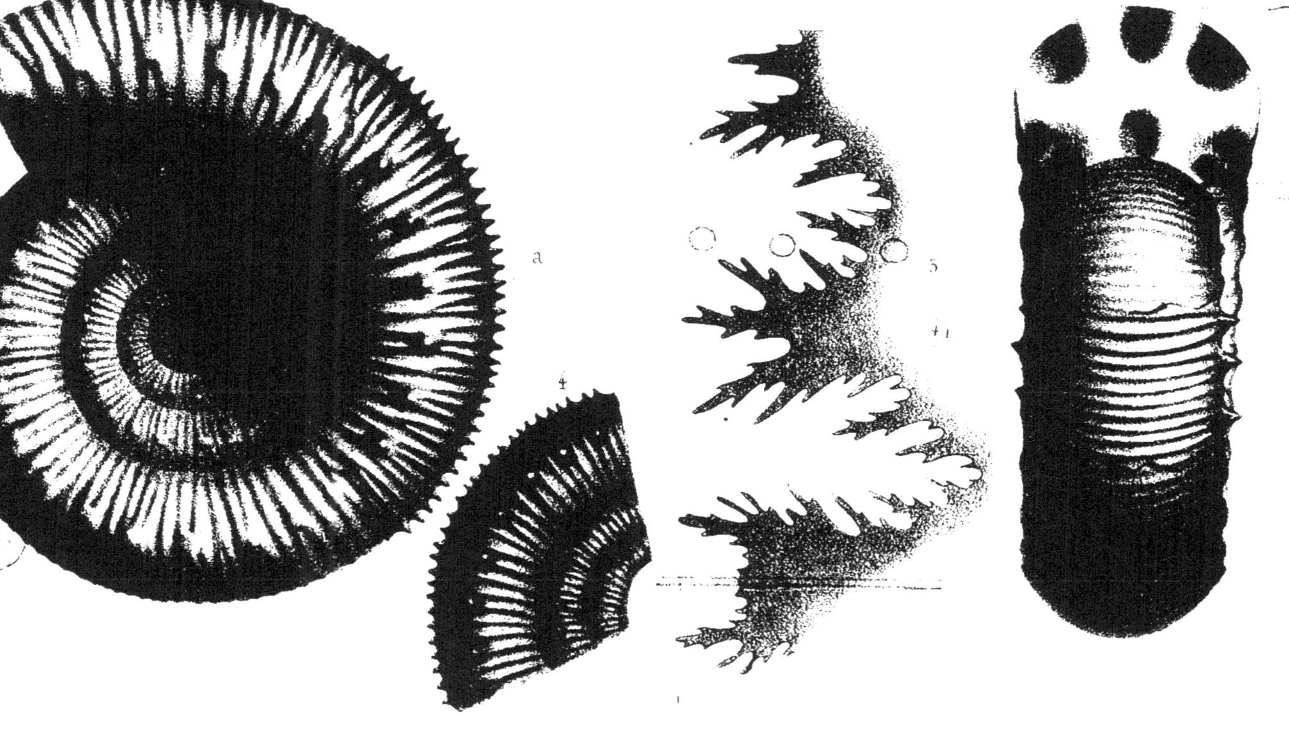

J. Delarue lith.

Imp. Lemercier

Ammonites Desplacei, d'Orb. I. sup.

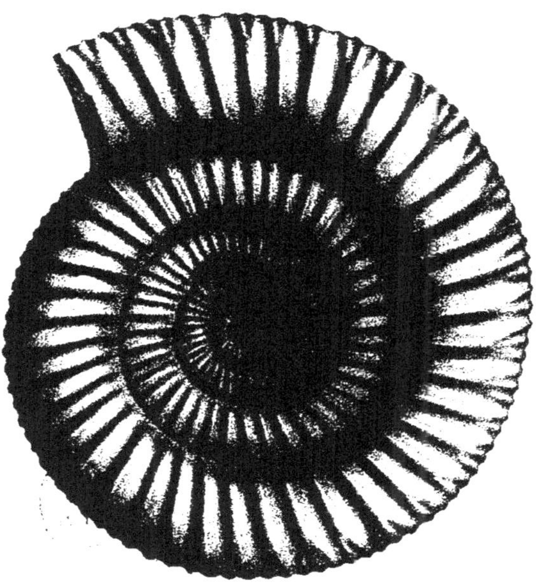

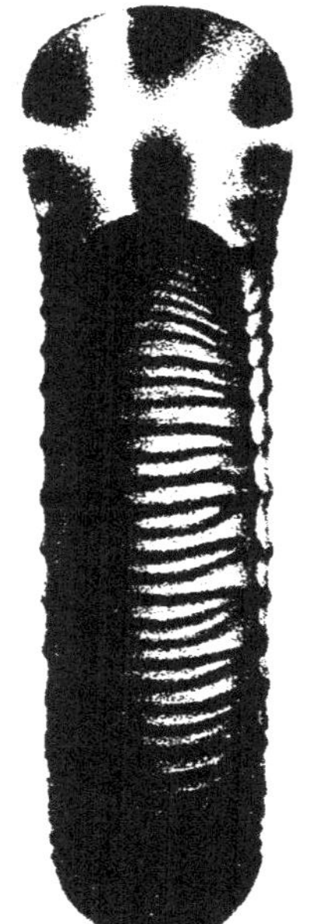

J Delarue lith

Imp. Lemercier

Ammonites communis, Sow. L. sup.

1 4 5 2

J. Delarue

Imp. Lemercier

Ammonites heterophyllus, Sow. L. Sup.

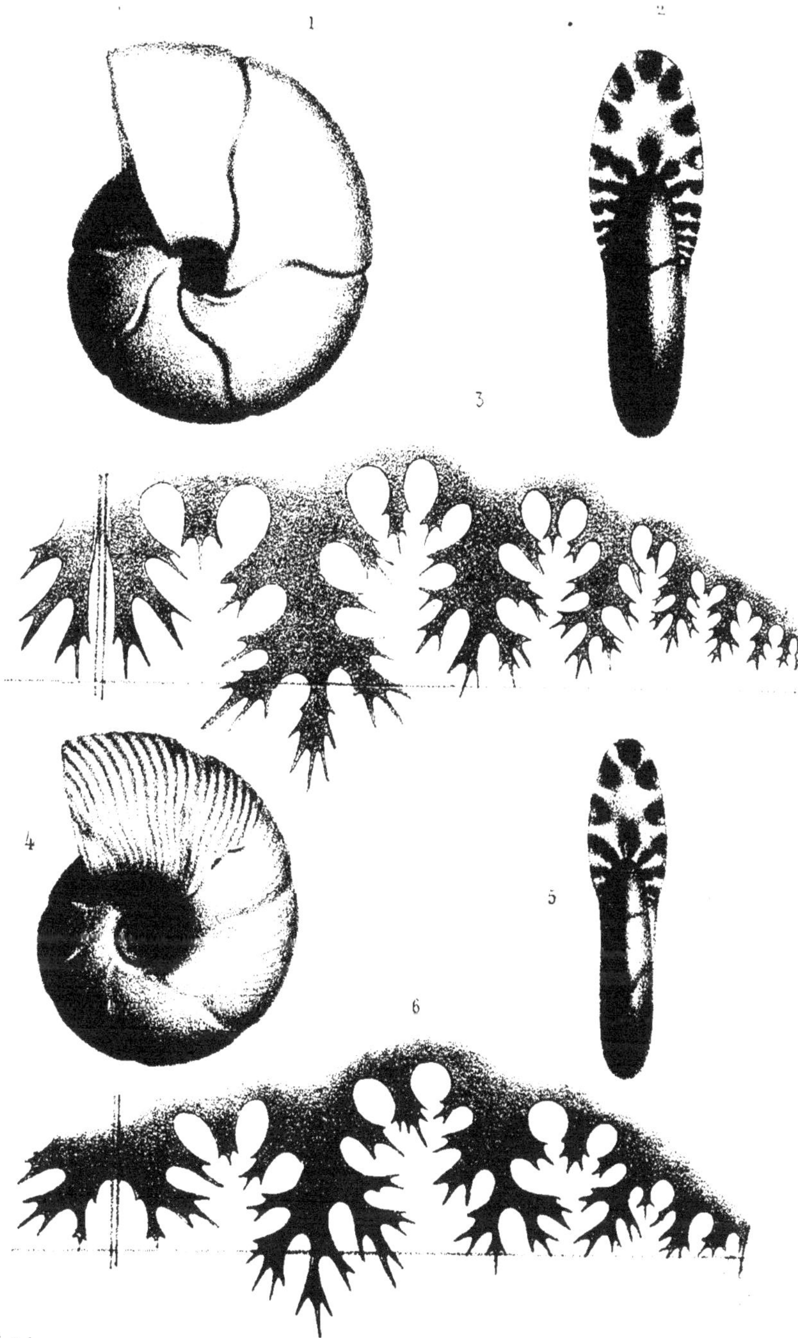

J. Delarue Imp. Lemercier

1. 3. Ammonites Calypso, d'Orb. L. moy.
4. 6. A Mimatensis, d'Orb. L. moy.

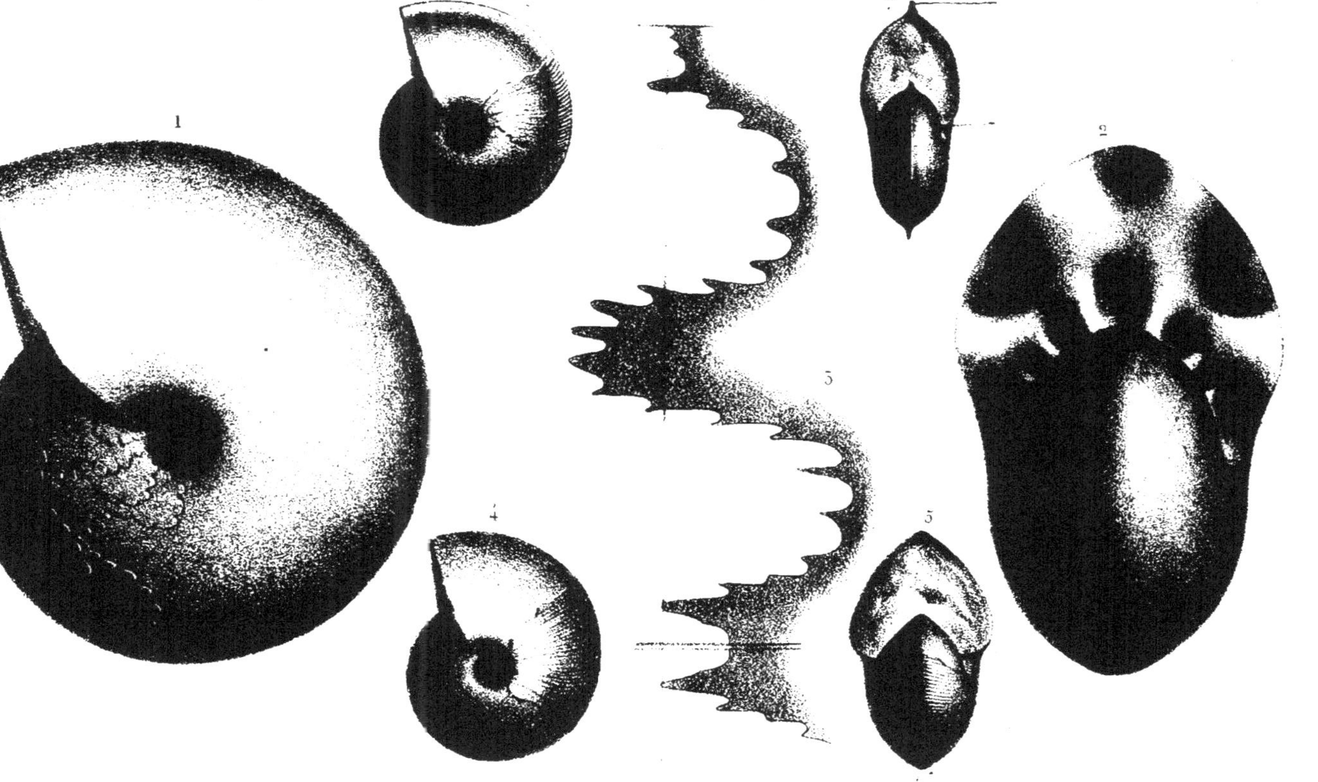

J Delarue

Imp. Lemercier.

Ammonites sternalis, de Buch. L. sup.

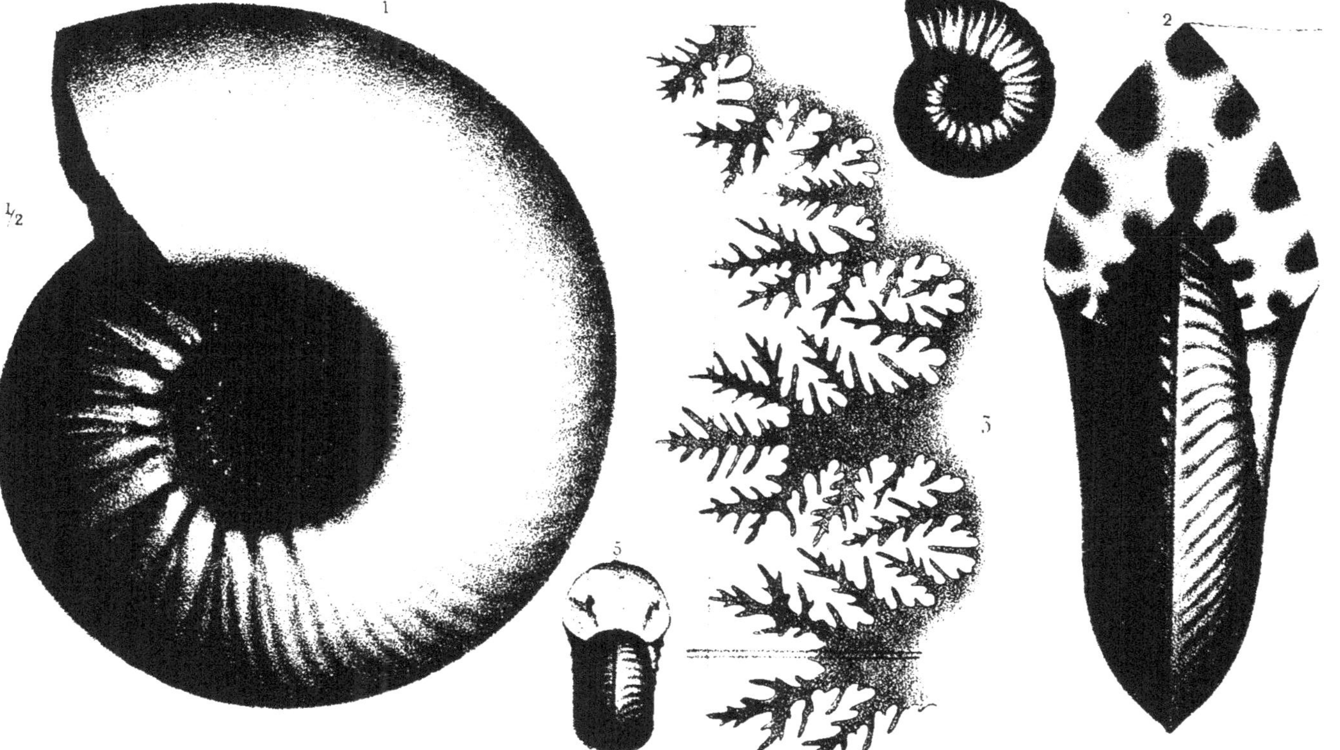

J. Delarue

Imp. Lemercier

Ammonites insignis schubler. L. Sup.

Ammonites variabilis, d'Orb. L. sup

1 1/2 2 4 3

J. Delarue del.

Imp. Lemercier à Paris

Ammonites complanatus, Bruguière, L. sup.

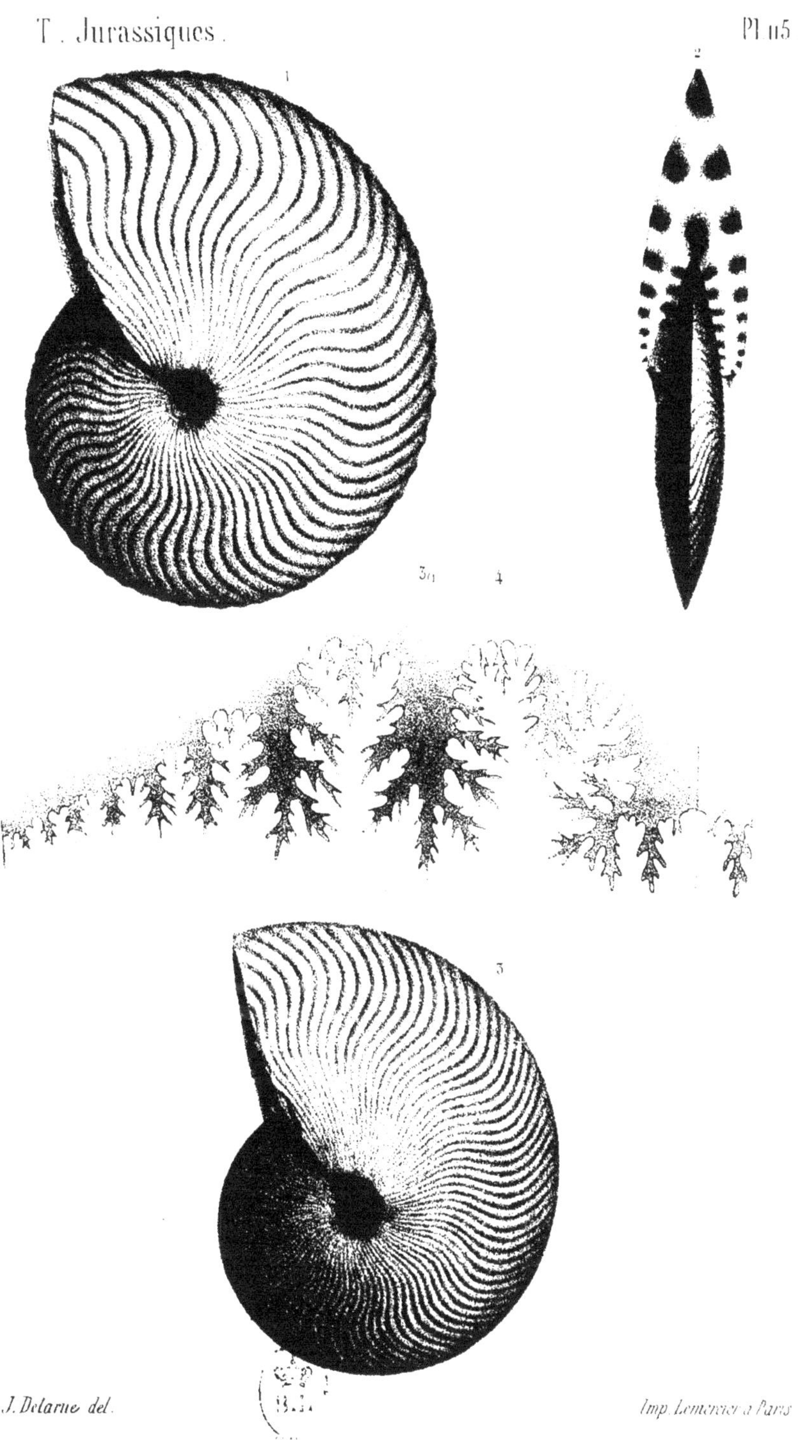

J. Delarue del.

Imp. Lemercier à Paris

Ammonites discoides, Zieten, L. sup.

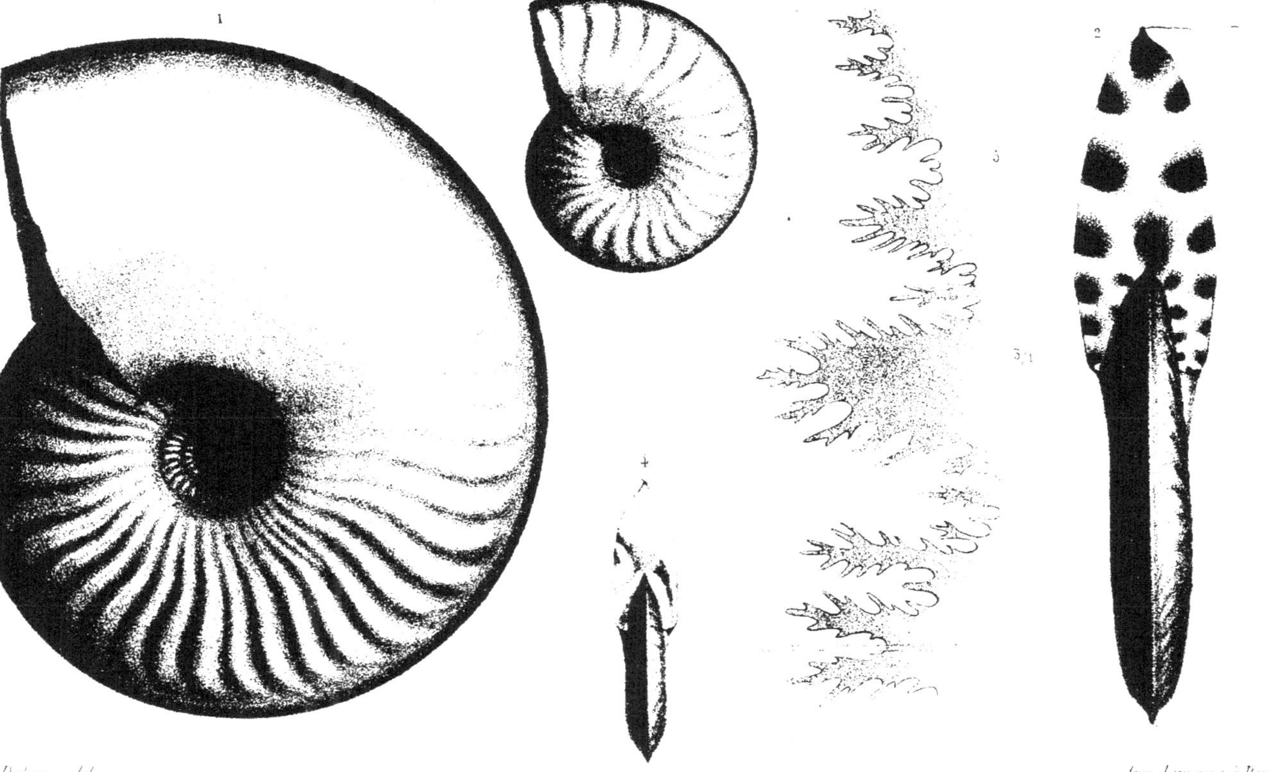

J. Delarue del.

Imp. Lemercier à Paris.

Ammonites concavus, Sow. L. sup.

2

3

J. Delarue

Imp. Lemercier à Paris

Ammonites Truellei, d'Orb. C. I.

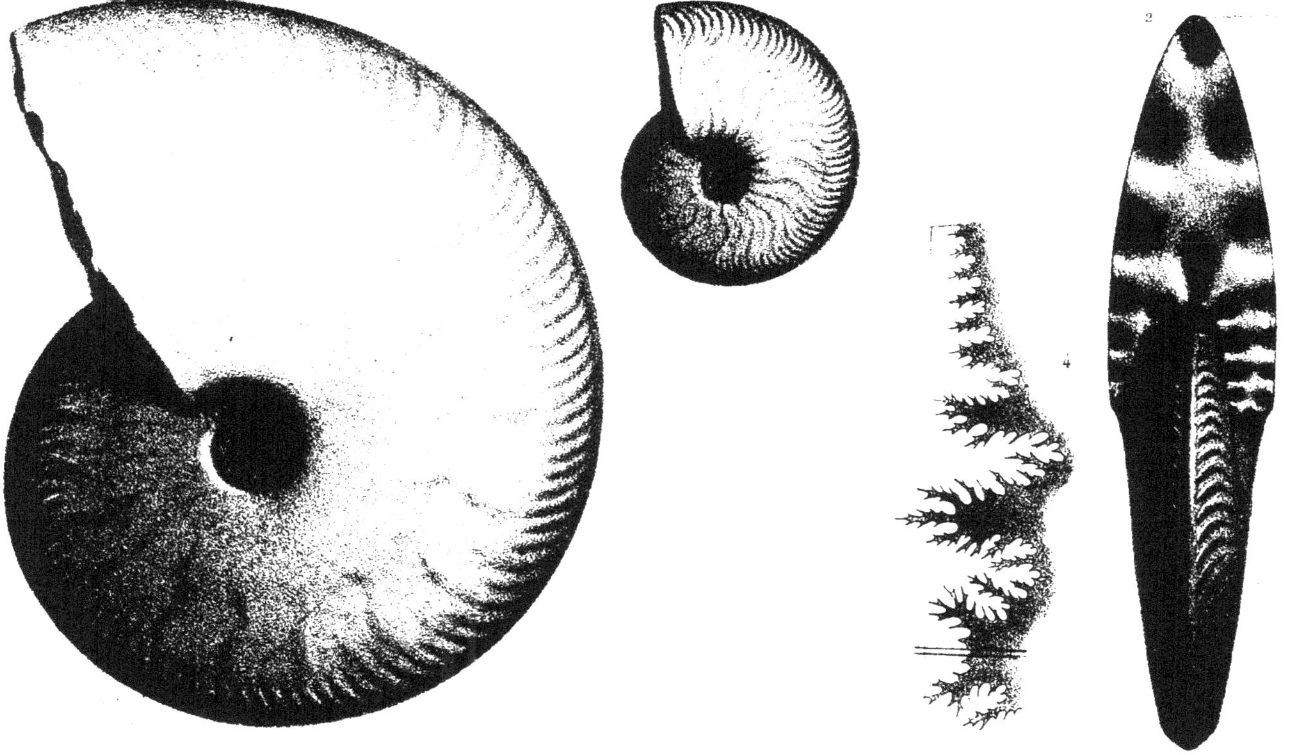

2

4

J. Delarue

Imp. Lemercier à Paris

Ammonites subradiatus, Sowerby O.I.

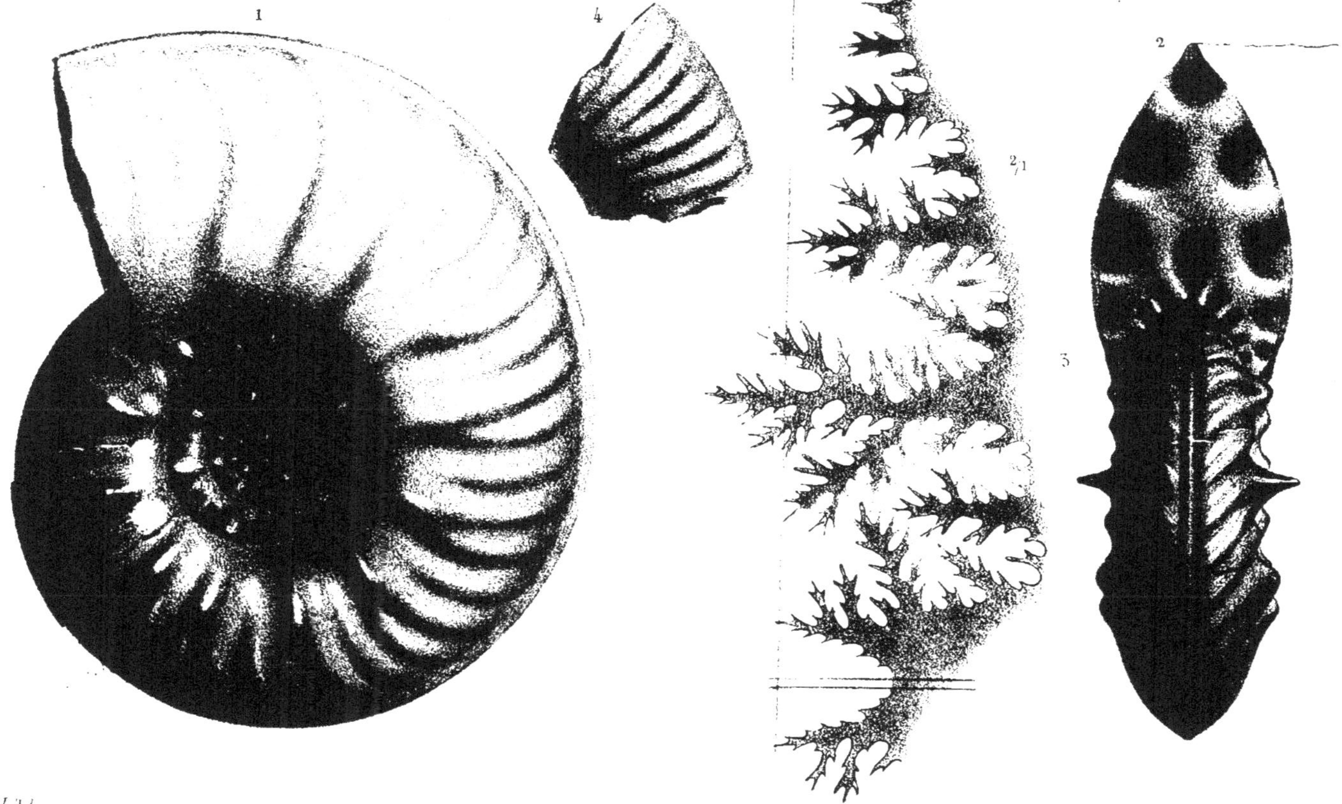

1

4

$2/1$

3

2

J. Delarue.

Imp. Lemercier à Paris

Ammonites Sowerbii Miller. C. I.

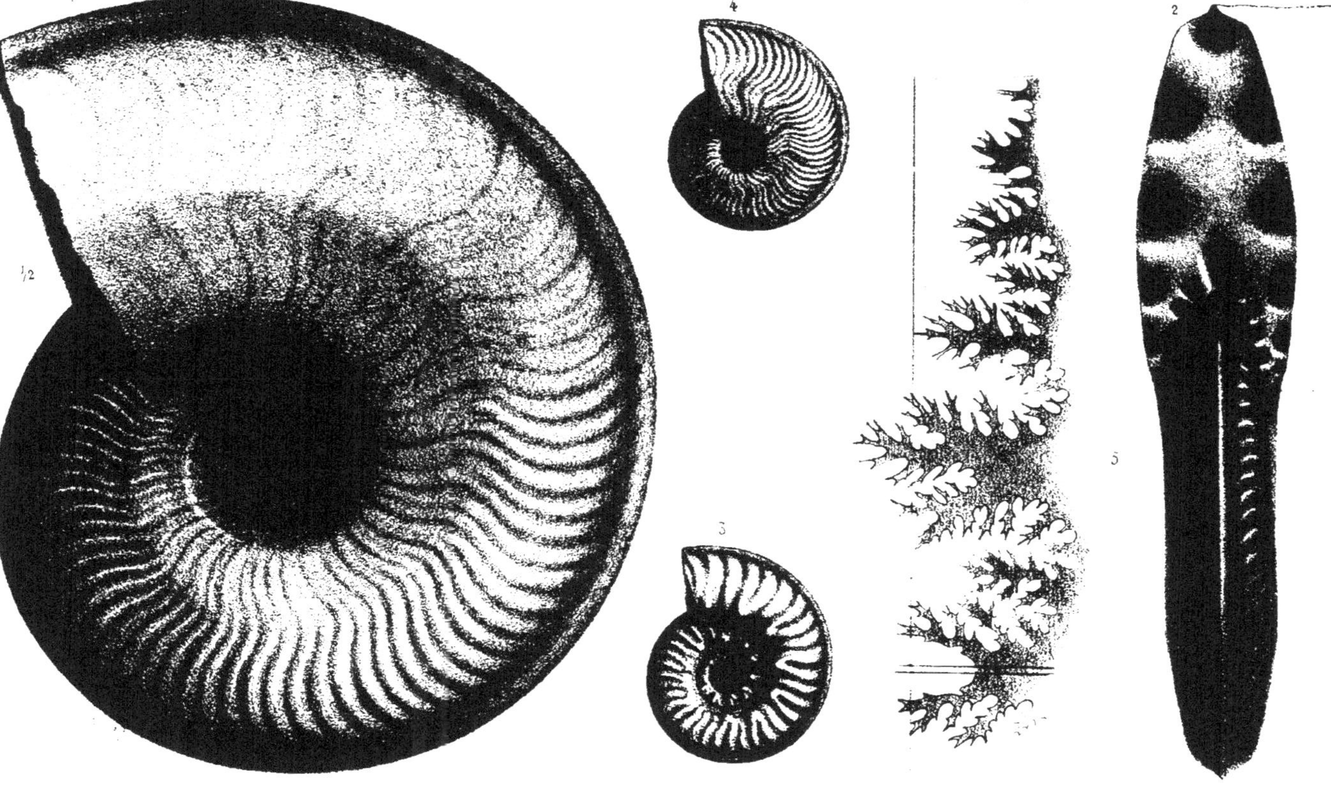

Ammonites Marchinsonæ, Sowerby O. I.

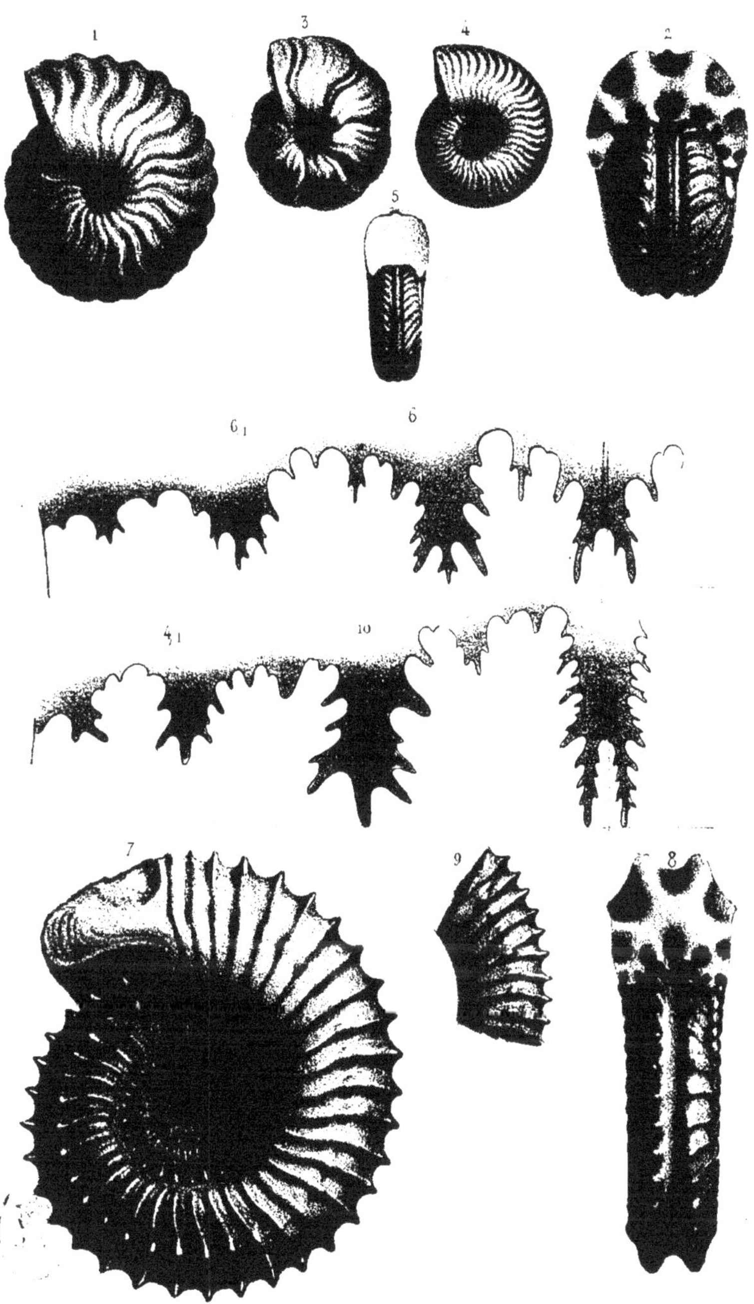

J. Delarue

Imp. Lemercier à Paris.

1. 6. Ammonites cadomensis, d'Orb. O. I.
7. 10. A niortensis, d'Orb. O. I.

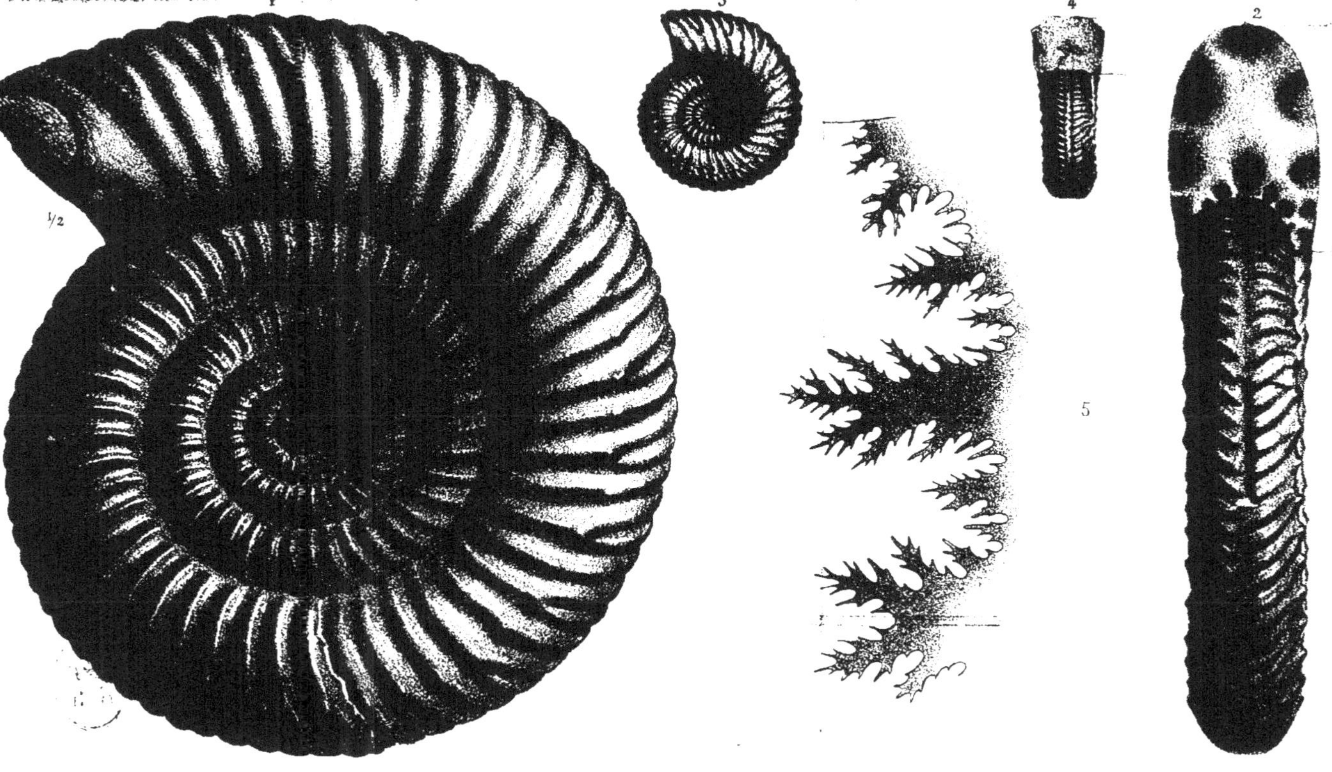

J. Delarue.

Imp. Lemercier à Paris

Ammonites Parkinsoni, Sow. O I.

pl 123

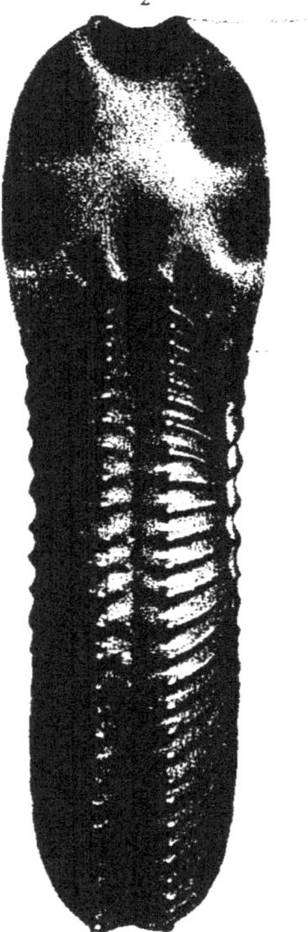

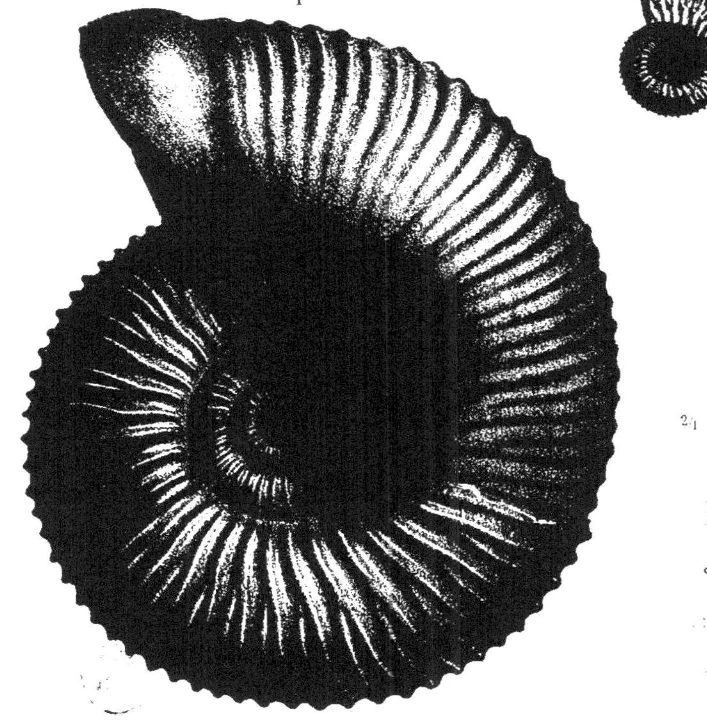

J. Delorue

Imp. Lemercier à Paris

Ammonites Garantianus, d'Orb. O. I.

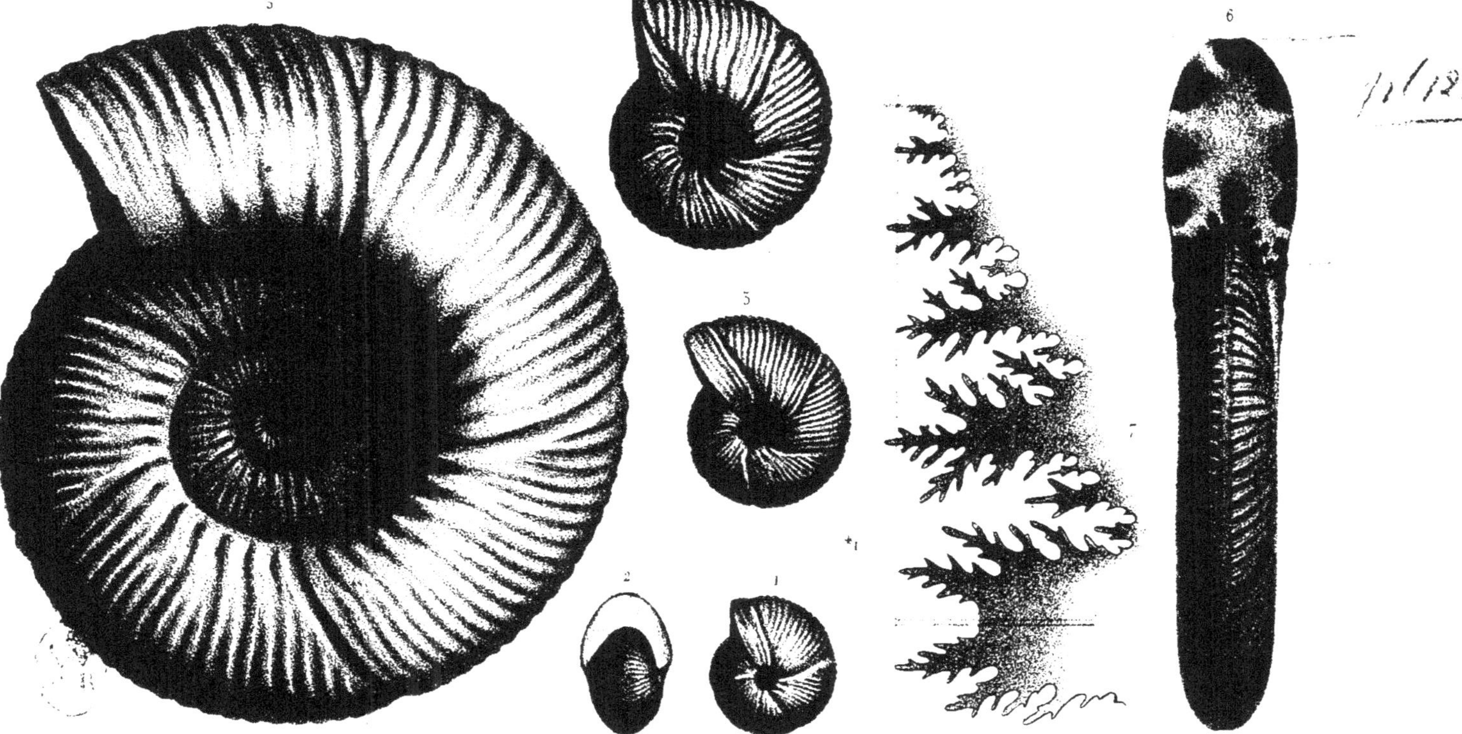

J. Delarue

Imp. Lemercier à Paris

Ammonites polymorphus d'Orb. O.I

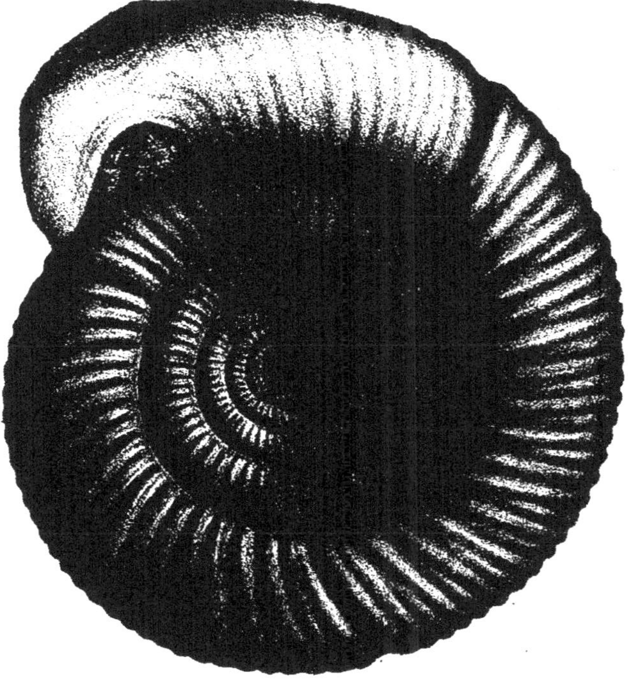

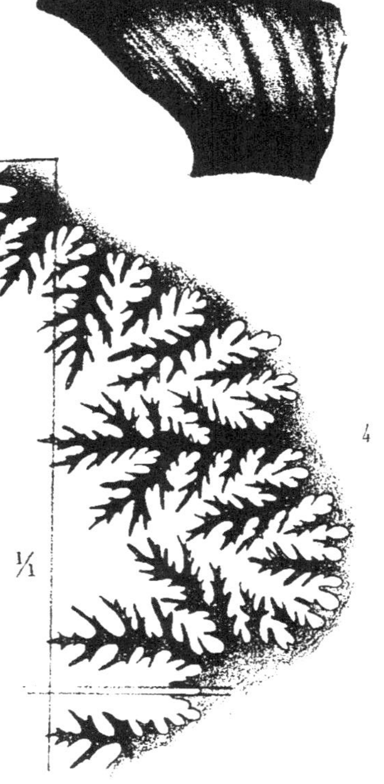

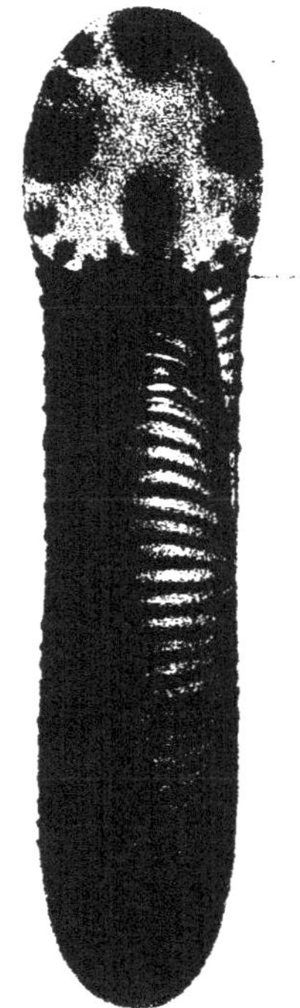

J. Delarue, del.

Imp. J. Delarue, Mont. S.te Geneviève, 94.

Ammonites Martinsii, d'Orb. O. I.

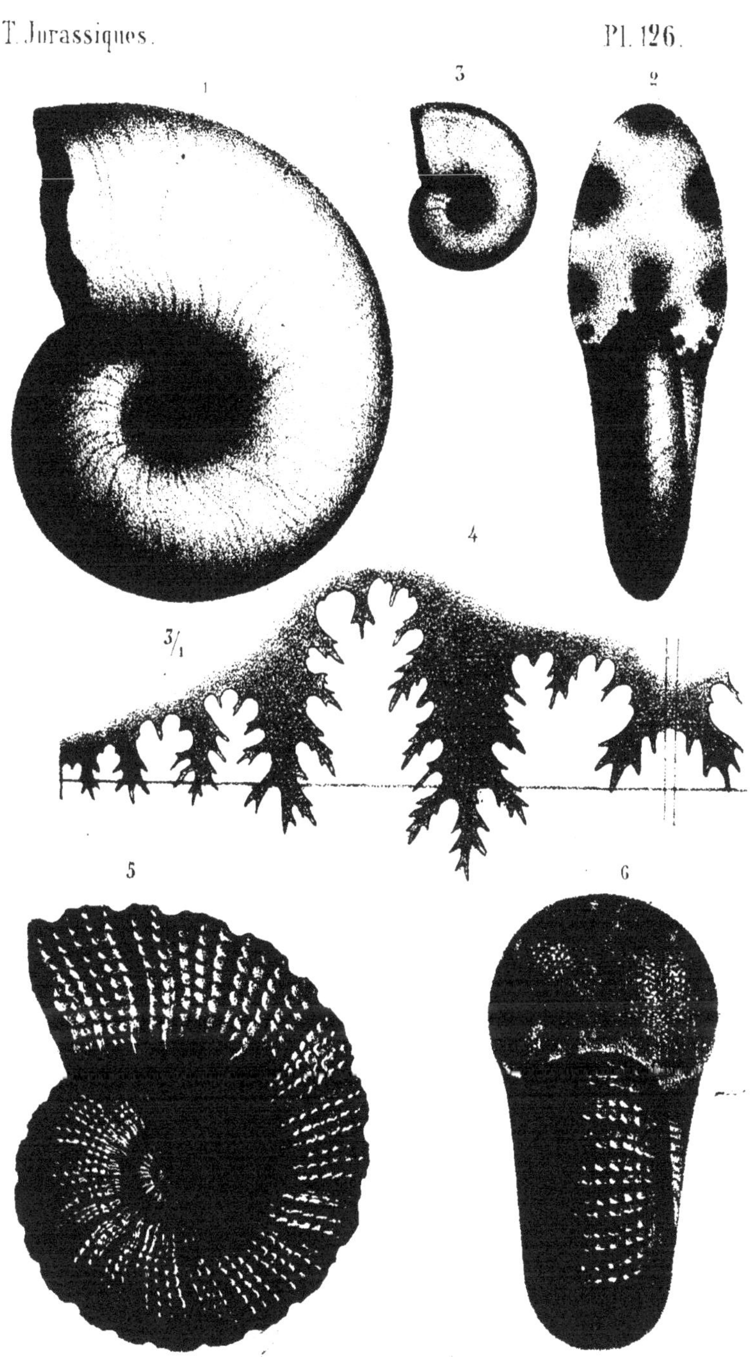

Imp. J. Delarue

J. Delarue del.

1-4. Ammonites oolithicus, d'Orb. O.I.
3-7. A. —— Pictaviensis; d'Orb. O.I.

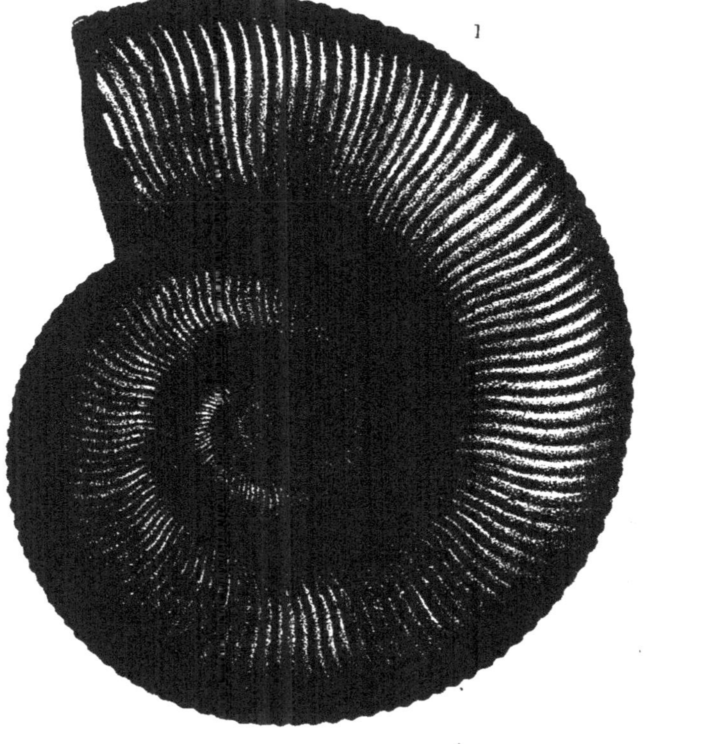

J. Delarue, del.

Ammonites Linneanus, d'Orb. O l.

Imp. J. Delarue

1 3 2

1/2 4/1

J. Delarue del. Imp. J. Delarue

Ammonites Eudesianus. d'Orb. O. I.

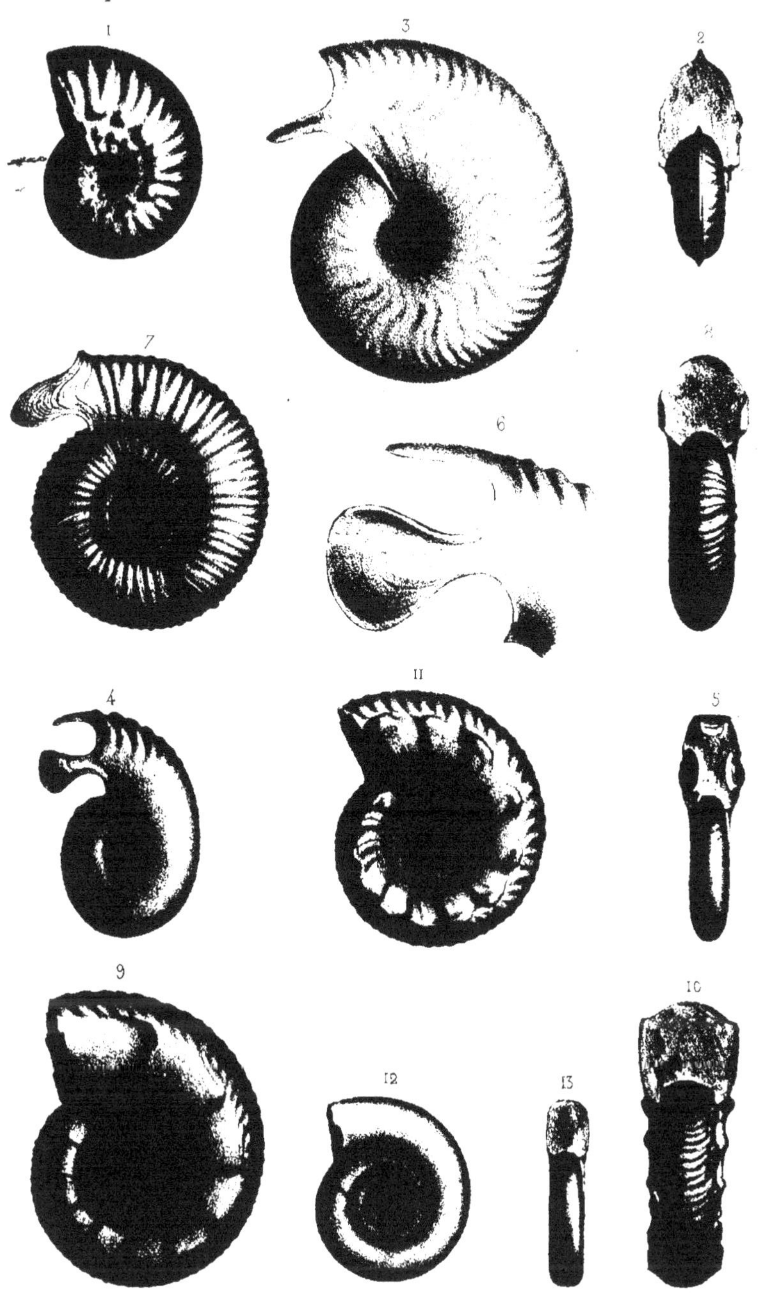

J. Delarue, lith.

Imp. Lith. J. Delarue rue Mont. Ste Geneviève 24.

1, 2. Ammonites Truellei, d'Orb. O.I. 4, 6. Ammonites Cadomensis, Defrance. O.I.
3. A. —— subradiatus, Sow. O.I. 7, 8. A. —— zigzag, d'Orb. O.I.
12, 13. Ammonites pygmeus, d'Orb. O.I.

1, 2. Ammonites Tessonianus, d'Orb. O.I.
3, 5. A. —— Edouardianus, d'Orb. O.I.

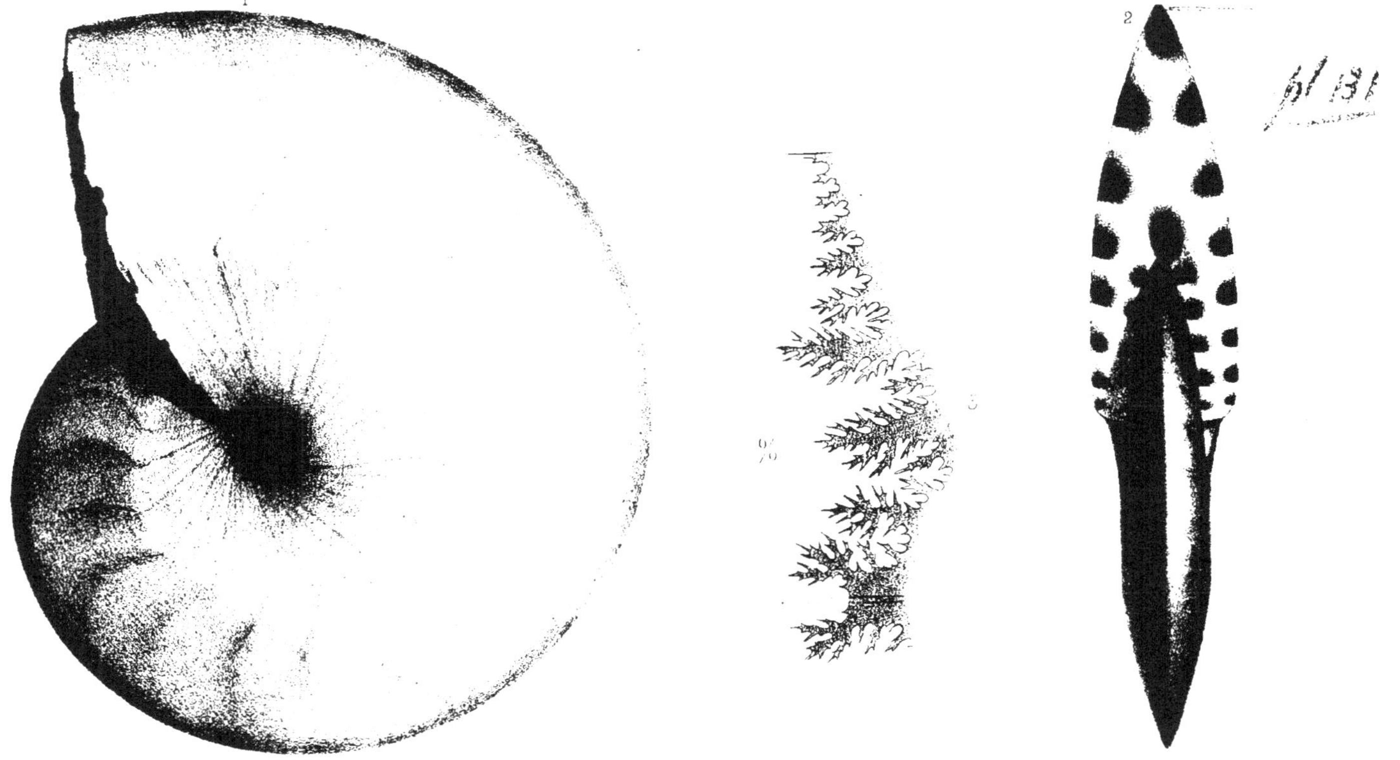

Ammonites discus, Sow. (1-3).

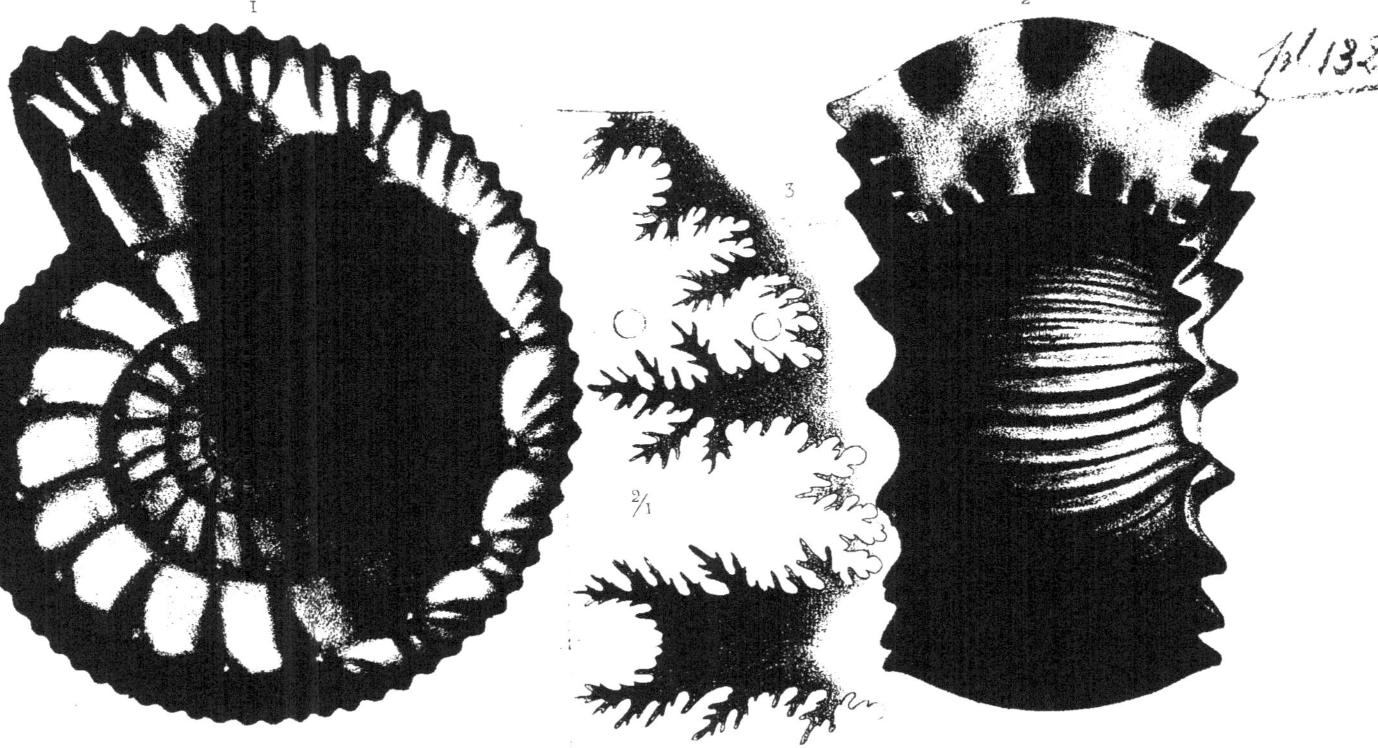

J. Delarue lith.

Imp. J. Delarue

Ammonites Blagdeni, Sow. O.I.

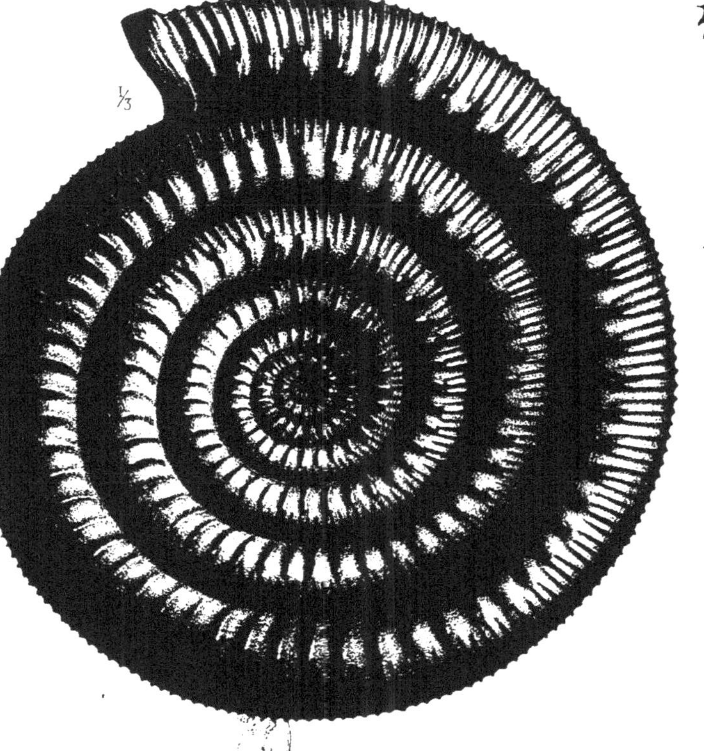

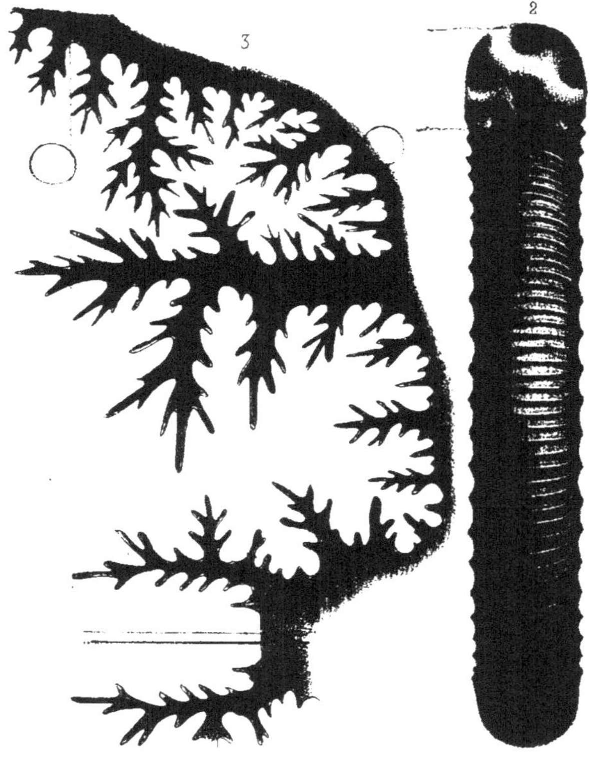

J. Delarue lith.

Ammonites Humphriesianus, Sowerby. O.I.

pl 134

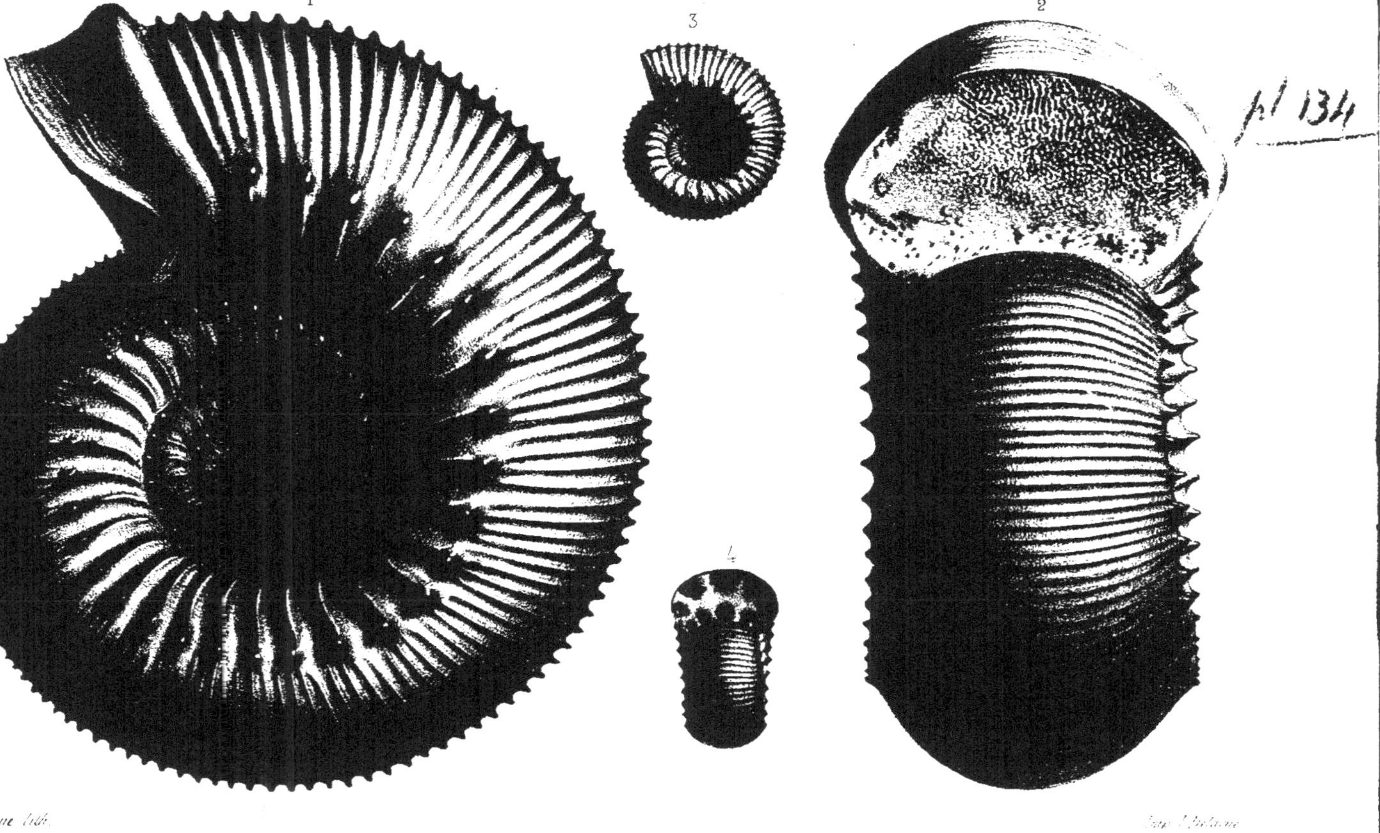

J. Delarue lith.

Imp. J. Delarue

Ammonites Humphriesianus, Sow. O.I.

www.ingramcontent.com/pod-product-compliance
Ingram Content Group UK Ltd.
Pitfield, Milton Keynes, MK11 3LW, UK
UKHW022008170726
13837UKWH00001B/54

9 782329 603216